imaginist

想象另一种可能

理
想
国
imaginist

如何离开地球表面

人类
航空航天小史

卢西 著

TIME TO TAKE
OFF:
A HISTORY
OF
AEROSPACE

BY
LUXI

北京日报出版社

目 录
CONTENTS

第二部　航天

第十三章
空间站与航天飞机

第十四章
民用航天的入场

第十五章
星际探测器和火星车

有没有哪一刻，
你觉得航空航天改变了生活？

　　作为一个航空航天爱好者，我很小的时候就对机械产生了浓厚兴趣。有一次，我在电视节目里看到航空母舰上的 F-14 战斗机，从此对飞机的热爱一发不可收拾。直到今天，我依旧认为 F-14 是最漂亮的飞机，上小学时还用纸折出一个它的模型。十几年后当我在博物馆里看到 F-14 真身的时候，我无比震撼和感动，半个小时没有拍一张照片，就这么静静地看着它，仿佛它是有生命的。我琢磨着它身上每一个细节，这里为什么要开口，那里为什么有个凹陷，机身表面的这些文字和标记到底都是什么意思。那些根据空气动力学被极致优化的曲线，就像是大自然演化在优美的动物身上所体现的神力。如今我已经从一个小学生成长为航空工程师了，但它还是当年那副冲破云霄的飒爽英姿。就在观察它的时候，不仅能感受到飞行器的生命，而且就像在读一本书，通过它我可以和它的创造者——格鲁曼的航空工程师——进行一场精神交流，能感受到他们所付出的心血最终汇聚成了我眼前的杰作。

非常幸运，我选择了一个自己热爱的专业，我还记得在亚琛工业大学（RWTH Aachen University）上的第一节课"航空发动机原理"。为了让学生知道自己要学的到底是什么，这节课就安排在雨果·容克斯当年执教过的喷气动力与涡轮机学院的图书馆里。当时我的教授特意拿出了很多展品摆在周围，其中不乏一些最新型号的技术验证原型机。在上这节课的时候，我确定有几次心跳加速，简直要幸福得晕过去了。亚琛工大的课程并不简单，但是我在学习航空航天专业课，尤其是动力部分的时候，翻着一页页满是复杂方程推导过程的教材，就像在读一本有趣的小说。

　　几年前有一次回国，我在巴黎戴高乐机场转机，在办妥一切手续后，距离我的航班起飞还有很长时间。我就这么在航站楼正对跑道的躺椅上坐了7个小时，看着一架架飞机起起落落，突然就有一些感动——就是这些优雅的空中巨人，让人和货物都可以快速横越大洋，连接世界，缩小地球。而且，飞机制造商、航空公司和乘客都可以从中受益，养活了许许多多的家庭。

　　我是一个特别喜欢表达自己爱好的人。在2017年读硕士期间，因为有一次学期考试压力很大，于是我就注册了知乎，在上面写一些文章和回答，其中一些也发表在《航空知识》杂志上。最初只限于我最熟悉的航空发动机领域，渐渐地写得越来越宽，从航空到航天，甚至还写过一些欧洲历史的内容。令人欣慰的是获得了很多正面评价，有一些用户的评论让我看了很感动，于是我就一直坚持在知乎上写作了，2018年也因此成了知乎的"荣誉会员"。

如今，幸运的我留在了深爱的领域，成了一名航空工程师。日常的工作难免枯燥和重复，但每次当我从正在处理的细节拉远，看到整个飞机全貌的时候，感觉一切都值了。一想到自己一点点微小的工作，也会作为这架飞机的一部分翱翔在天空，心中就充满了成就感和满足感。

　　曾经有一次在德国逛超市，我看到了一本很普通的工程科技类科普书，目标读者是 6~12 岁的少年，那本书里对飞机、火箭和卫星的科普既严谨又有趣。我心里不禁感叹，假如小学时遇到这样一本书会有多么的喜爱，而且，虽然它的目标人群是小学生，科普深度不大，但广度是足够的，书中的一些知识在国内甚至有些大学相关专业的学生都未曾了解。在欧洲和美国，宇航局的预算中有一部分就是用于向公众进行科普，而且，一些顶级科学家得到政府科研资助的一项前提条件就是做过科普工作。在国内，这方面的工作还需同行们一起努力。也许，许多未来的小航空工程师、小试飞员，就是因为科普而进入这个行业的。

　　航空与航天毫无疑问都是富有魅力的工程领域，不管是在网络上还是现实中，我遇到过很多人，其实对航空航天很感兴趣，但又不知从何了解。当我给他们介绍一些相关故事和技术的时候，他们又会表现出满足的喜悦，又会激发出更大的好奇心。然而，这个领域扎实又有趣的科普内容还很少，自从在知乎上的回答和文章获得了一定关注和认可之后，我心中就埋下了写一本航空航天科普书的种子。我希望避免一切让人望而生畏的数学公式，把专业的技术解读和有趣的故事结合起来。

这本书分为航空和航天两个部分，通过传说、历史趣事和技术发展史，为大家串讲一些航空和航天的基本原理和必要知识。本书既没有公式，也没有太复杂的图表。

第一章到第九章是航空小史。从人类在古文明时期对鸟类飞行的渴望和模仿，到制作"翅膀"练习滑翔，再到莱特兄弟从自行车中发现了飞行的奥义，令航空业从此诞生。后来，在军用和民航两个领域，技术分道扬镳，一边追求极致的速度，一边追求更佳的舒适与安全。在不到一百年里，人类正式演化成了一种"超音速"动物，能随时享受飞行的便利，日行万里。并且，有更多具有未来感的飞机即将化为现实，如超音速公务机、翼体融合民航机和空中出租车。

第十章到第十五章是航天小史。短短百年，我们挥别古战场上的"火箭"与火器，进入了航天时代，由齐奥尔科夫斯基点燃的星火，被"火箭之父"冯·布劳恩发展壮大，演化出了载人火箭、人造卫星、登月飞船、外星探测器和月球车、火星车等尖端技术。这些科技在千年前甚至百年前还是天方夜谭、痴人说梦。然而，现在它们不仅可为一般人关注、欣赏，甚至还能让人享用航天工业推动的其他科技带来的便利；其中一些眼皮底下的技术，甚至每天都会用到。人类飞翔的梦做了几千年，实现了以后真的就像在梦里一样美。就在本书即将出版之际，北京时间 2021 年 6 月 17 日早晨，"神舟"12号载着 3 名中国宇航员登上自己的"天和"号核心舱，我们见证了一个意义深远的时刻。

我在科普航空航天知识的同时，也希望这本书能够激发更多的人爱上航空航天事业，未来，就是由我们这一个个普通人携手构建的。我爱航空航天，想要分享给你，希望你喜欢。

卢西（张博深）

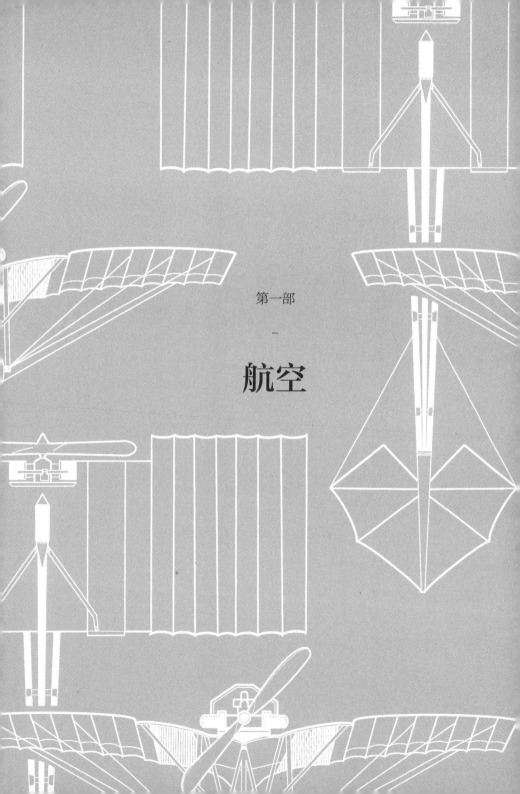

第一部

一

航空

第一章

人类飞行的梦想时代

原始的飞行梦

古代的占卜与鸟类崇拜

公元前 42 年 10 月 23 日，在东马其顿腓立比城外，数万名罗马军团士兵正在屏息观看两只鹰在空中激烈打斗。对阵的两军：一侧是由卡西乌斯和布鲁图斯指挥的东方军团，不仅背靠腓立比城，还控制了水源和海洋，占尽战略优势；另一侧是由马克·安东尼和屋大维所指挥的军队，他们在巴尔干半岛上已经粮草见底，再也消耗不起，但成功引诱了卡西乌斯和布鲁图斯阵营来到腓立比城外进行决战。在两军交战前，打斗的两只鹰中的一只战败陨落，而它所代表的卡西乌斯、布鲁图斯阵营的士气骤然低落。虽然马克·安东尼的人品和作风不如这些罗马人，但他的军事指挥才能远胜于对手，以劣势兵力成功执行了"钳形攻势"，将对手的大部分兵力围于高地之下。一场屠杀就此开始，罗马军团作为共和国无情的战争机器，令地中海乃至整个欧洲的对手闻风丧胆。内战是所有罗马人的梦魇，此时它再度发生了。仿佛噩梦中的场景，一把把锋利的罗马短剑，高效地夺走一个个罗马人的生命。过后清点战场，双方阵亡士兵合计超过2万人。就像那两只鹰所预言的结局，代表共和派的卡西乌斯和布鲁图斯战败，随后自杀。这场腓立比战役的结果，确定了屋大维作为恺撒的政治继承人的地位，衰老的罗马共和国，不可逆转地重生为罗马帝国。

如果说是这两只鹰决定了罗马的命运，那就太荒唐了。不过古罗马人对鸟类有一种天然的崇拜，认为鸟的行为可以体现出神的意志，甚至专门为此设立一个重要行政岗位——观鸟占卜师。这些人在天空中划定一个区域，观察鸟的种类、飞行路线和叫声，通过这种种征兆来占卜、预测未来。包括恺撒在内，很多著名罗马政治家都曾担任此职。罗马贵族的子弟们，出生时并不一定就有资格成为其家族成员，还需要被家族之长——父亲所接受并举行仪式。在被接受的男婴出生的第9日，罗马贵族会举行重要仪式，由一名观鸟占卜师来做占卜，预测孩子以后的命运。而恺撒和屋大维出生之时，他们的预测结果都是"大吉"。

对鸟类的崇拜，却又并非罗马人所独有。如果大家对古埃及文化有所了解，一定不会对一个"猫头鹰头人"的形象感到陌生，他就是古埃及神话的主神之一——太阳神"拉"。传说中，就是拉神顶着太阳每天在海上自东向西航行，人间才有了日夜之别。古埃及神话中的九柱神中的一个婚育与生命女神——伊西斯，同样长着一副"人鸟混合"的外貌。张开翅膀的伊西斯的形象，经常出现在古埃及墓葬壁画中，象征子孙繁衍与权力。

如何离开地球表面

古罗马的观鸟占卜师（© 关山 绘）

古埃及的拉神（左）和伊西斯女神（右）（©维基百科／公版）

　　从维京人的"血鹰"祭祀到印第安人的羽冠，古典世界中对飞行的崇拜表现最多和最富细节的，我认为还是希腊神话。胜利女神尼姬凭借一双翅膀拥有惊人的速度；而小爱神厄洛斯挥动翅膀射着箭，带给人们爱情与憎恶；奥林匹斯神之一的赫尔墨斯本身没有长出翅膀，却穿了一双带翅膀的凉鞋，走街串巷"送快递"，国外有家快递公司就是以他命名的。20 世纪 90 年代中期，欧洲在"阿丽亚娜 5 号"运载火箭项目中，本打算做一艘载人飞船，命名为"赫尔墨斯号"，但后来项目取消，阿丽亚娜 5 号也就成了一枚纯运货火箭。

　　此外，美国一枚用洲际弹道导弹改造而成的运载火箭，也是以希腊神话人物来命名的——"弥诺陶"（Minotaur）系列运载火箭。没错，就是出自克里特岛上的那头半牛人怪物，虽然原型是牛，却不爱吃草，整日以犯人和希腊人进贡的童男童女为食。它住在一座复杂的地下迷宫中，这座迷宫出自著名的雅典工匠代达罗斯之手。据说，建造完迷宫以后，克里特岛国王弥诺斯不放他走，思乡心切的代达罗斯想用科技逃脱禁锢，于是他用蜜蜡和羽毛为自己和儿子伊卡洛斯制作了一双蜡翅膀，想从开放的天空逃离克里特岛。作为材料，蜡翅膀肯定不如今天的铝合金和碳纤维靠谱，在起飞前，代达罗斯特意嘱咐儿子"别飞得太低，翅膀会沾水、沉重，也别飞得太高，翅膀会被太阳烤化"。伊卡洛斯第一次体验飞行的美妙，毫无意外地忘我地上下翻飞，好一通折腾，结果飞得太高，太阳烤化了他的翅膀，他坠海而死。代达罗斯目睹儿子死于飞行，悲伤地回到家后，立刻将自己的蜡翅膀挂在奥林匹斯山的阿波罗神殿中，从此不再飞行。

中世纪的勇敢先驱

然而，人类对飞行的渴望怎会止步于神话传说？和神话中的代达罗斯不一样，现实中的人类从未停止尝试飞行，但是就像伊卡洛斯那样，历史上有无数的航空前辈倒在了这条道路上。在莱特兄弟出生之前，我们对空气动力学的理解和技术水平，也就和克里特岛的代达罗斯差不了多少。古代的前辈们做出的蜡翅膀，以今日的眼光看来，自然是幼稚和异想天开的，但他们依旧十分值得尊敬，他们的工作也是至关重要的。如果没有他们可能失败的尝试，也不可

《伊卡洛斯的坠落》，荷兰国家博物馆藏，约 17—19 世纪

如何离开地球表面

能有我们如今的航空工业，不是吗？

或许，对古时候的绝大多数人来说，飞行大概就是一种魔法或巫术吧？

我们的祖先对飞行的尝试始于大约 1000 年前，而且与神话故事里的神还有点儿类似——我们的后背长不出翅膀，那就索性把两条胳膊改造成翅膀吧！

在没有任何前人经验的情况下，人们单纯按照鸟的模样制作翅膀。鸟类自恐龙开始，可是经过了数千万年演化的，整个翅膀上有**初级飞羽、次级飞羽、三级飞羽**，而这些飞羽又可以被肌肉组织控制，全身和翅膀上都被覆羽所覆盖从而减少空气阻力，鸟类可以通过尾羽和飞羽的动作控制飞行姿态。但那时的人类，很难对鸟类解剖学和飞行控制产生理性的认识，仅仅是把粗制滥造的翅膀模型装在胳膊上，然后就去跳悬崖了，怎么会有好下场呢？

究其原因，凭我们人类的那点儿胸肌，就算练得再强壮，跟鸟类也无法相提并论，在鸟类由锁骨合并演化成的叉骨上，附着超强的胸肌，一只鸡的体重有 20% 都是鸡胸肉，可想而知，以人类的体重，如果想要像鸟一样飞起来，我们的胸肌可能得有一两米厚。所以，把胳膊改装成翅膀扑翼飞行的这条路，基本是行不通了。不知道大家是否注意过鸟类降落之前的姿势——身体会从水平转到接近站立的角度，张开尾翼。尝试学鸟飞行的前辈们，普遍没有意识到鸟类的**飞行姿态控制**这件事到底有多么重要。

在 9 世纪末，有一个来自安达卢西亚的摩尔人发明家——阿巴斯·伊本·菲尔纳斯。据 17 世纪摩洛哥历史学家艾哈迈德·艾马卡

鸟类的翅膀（©pixabay/公版）

里的记述，菲尔纳斯在一次飞行试验中"用羽毛覆盖了自己的身体，扑向空中，并且成功地飞行了一段距离"，但是不幸在降落时摔伤了后背。那时的人不具备任何理论基础以理解如何控制飞行姿态，就算是运气好飞起来了，结果也只能是失控坠毁，非死即伤。

然而，摩尔人发明家菲尔纳斯试飞摔伤脊背，依然无法阻挡后人"作死"的步伐。后来，人们终于意识到，鸟能飞，不仅因为有羽毛，而且因为飞羽上长的羽小钩可以将一根根羽毛连成一大片，形成一个完整的空气动力学面。这样，既然我们不能用鸟类羽毛重建一双能用的翅膀，那直接把布撑起来不就行了？于是，载人风筝就登场了。

11 世纪，英国有个叫艾尔默的本笃会修道士，天生大胆，他受希腊神话中代达罗斯故事的启发，研读了很多伊斯兰黄金时代的文

菲尔纳斯试飞他的滑翔翼（© 关山 绘）

献，包括菲尔纳斯的飞行实验记录。艾尔默吸取教训，不仅用木头和布制作了飞翼，还做了一个大大的尾翼。据文献记载，艾尔默成功飞出了 201 米，并在人类航空史上留下了自己的大名。但后来的人们也意识到，如果不能像鸟类那样灵活地控制身体和尾翼，就不可能真正自由地飞翔。

近代各国的升空实验

在东方，我们中国人当然也进行过飞行的实验。早在公元前5世纪的战国时代，中国就已经有了风筝，后来又有了竹蜻蜓和孔明灯。风筝需要一根和地面相连的线，即使是载人，控制风筝飞行也主要是靠地面人员操作，而天上的那位不仅不能完全控制飞行，而且还飞不远，顶多就是上天看看风景再活着下来。

竹蜻蜓的飞行原理和直升机其实一样，但是作为一个玩具，不具备飞行控制，本体旋转也无所谓。假如这些问题和动力来源都解决了，那就做出直升机了。当然，以那个年代的科技水平是不大可能的。孔明灯其实更加接近"把人带到天上"的概念，灯罩并不是密封的，所以内部气压和环境气压一样。但因为有蜡烛对灯罩内部空气进行加热，就让灯罩内部空气的密度降低，低于环境空气密度。密度差产生了浮力，孔明灯就能飘浮在空中了，原理和今天旅游景点的观光热气球完全一样。

孔明灯的升空，给当时的人们打开了新的思路——如果不能学鹰击长空，那么我们能否在空中飘浮，如鱼翔浅底？沿着这一思路，当时的人们进行了如今看来匪夷所思的大量尝试。

火药的发明，给我们渴望上天的勇敢祖先又带来了一个"作死"的新方式——把自己"炸"上天。我们身体比空气重，也没有像鸟一样长翅膀，火药既然能把炮弹或烟花打上天，那为什么不能把自己打上天呢？

据传，明代有一个叫陶成道的人爱好炼丹，炼着炼着从道士改

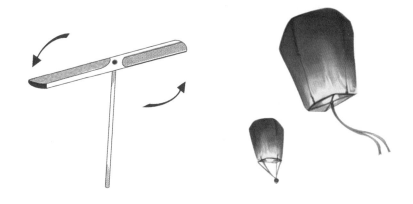

竹蜻蜓（左）（© 关山 绘）和孔明灯（右）（© 维基 / 公版）

行造火器了。因为他造的火器在战事中有着优秀表现，后被朱元璋封赏万户采邑，因此他又被称为"万户"。不甘于安稳的万户先生在功成名就后自制了 47 支火箭，固定在一把椅子上，用来将自己发射上天，然后手持两个风筝，在火药燃尽后，还可以靠风筝滑翔降落。但遗憾的是，点燃的火箭爆炸了，直接夺走了万户的生命。那时候的火药烈度能产生的推力很有限，将一个人的重量推离地面可能性不太大。

那么，我们从小就知道的万户实验，到底为什么不能实现？

要说把一支火箭做成燃烧、可控，不算太难，但 47 支火箭全都按照预期成功燃烧、工作，这种可能性就太低了。别的不说，单单让 47 支火箭同时点火产生推力，对我们的现代工程学来说也是一项巨大的挑战。火箭的燃烧，需要以一定速率持续燃烧以制造持续和稳定的推力，假如瞬间烧完了，那就等于爆炸；而且，这种推进方式都是填好火药就完事了，发射后几乎没有可操作的余地。想到 500 年前尚且幼稚的火箭制造工艺，万户大人一定是极度渴望上天才有如此大的勇气（根据学者考证，"万户"这个人极有可能是 20 世纪初的西方学者根据古代文献杜撰的，但在中国古代，的确有一些勇敢尝试火箭实验的无名前辈）。其实到今天，设计一枚重型火箭的前提，就是拥有大推力的火箭发动机，如果单台推力太小，就需要装很多台。虽然理论上确实可行，但是还有个问题——发动机数量越多，所有发动机都不出毛病的可能性就越低。因此火箭工程师会尽量避免给一级火箭装太多发动机，承载苏联登月梦想的 N-1 运载火箭"四射四炸"就是由于这个。几十年后，SpaceX 登陆火星的起飞重量过万吨、史上最强运载火箭"星舰"却也选择了啃这块"硬骨头"。

在万户失败几百年后，17 世纪 30 年代，在横亘欧亚的奥斯曼帝国，有个名叫拉加里·哈桑·切莱比的发明家做了类似的实验。据说，为了庆祝苏丹穆拉德四世的女儿出生，他使用 60 千克炮用黑火药，制作了一个大火箭，并借此成功让自己升空然后落到了海里，最后游回到岸上。人们就算用原始火箭成功上天，火箭本身烧完就得回到地面，依旧不是长距离飞行的"正确姿势"。所以，当时人们还是普遍认为：向鸟学习飞行更有可能成功。

继续说滑翔问题。自 14 世纪文艺复兴初期开始，就出现了大量的滑翔机设计草图。著名的跨学科大师达·芬奇，不仅设计出滑翔机，还更进一步给滑翔机加上了可扇动的机械结构：不仅可以滑翔，还

万户与他的自制火箭飞行器假想图（© 关山 绘）

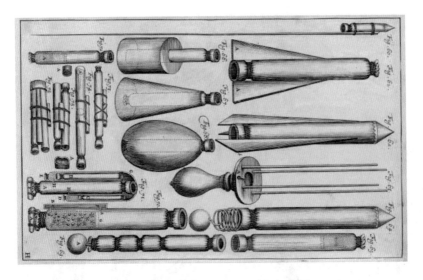

17 世纪欧洲发明家谢米诺维奇设计的火箭（《伟大的炮兵艺术》中的插图，1650）

可以像鸟类一样扇动翅膀，形成前进驱动力。我们从达·芬奇手稿中可以发现，他一定是对鸟类的解剖学结构和飞行奥秘进行了大量的研究，事实也确实如此。而且，他对鸟类解剖学的造诣，也体现在收藏于文艺复兴中心佛罗伦萨的乌菲齐美术馆的那幅《圣母领报》上，在天使背后的翅膀上，初级飞羽、次级飞羽和覆羽清晰可见。

在达·芬奇死后 300 多年，有一个名叫奥托·李林塔尔的德国人也同样对鸟类和飞行产生了浓厚的兴趣。他不仅对鸟类进行解剖学的研究，而且花费大量时间观察和研究鸟类飞行姿态。文艺复兴和工业革命赐予人们一双用科学观察与记录世界的眼睛。因科技突飞猛进，李林塔尔才能以科学的方式，用图表描述了鸟类翅膀的空气动力学。李林塔尔不仅仅是鸟类学家和空想家，他本身也是发明

如何离开地球表面

家和工程师，曾经成功改进过发动机，其性能超过市面上绝大部分竞品。勇敢的李林塔尔把自己的知识凝结成先进的滑翔机，他不仅成功滑翔一段距离，而且成为第一个能重复使用同一个滑翔机完成飞行的人。而以前的飞行先驱们，要么滑翔机一次性报销，要么更惨一点，人也是有去无回。李林塔尔一生进行了超过 2 000 次的试飞，他将这些经验刊登在各种专业和大众期刊上与人分享。他的工作，大大加速了人类上天的步伐，受他影响的就有莱特兄弟。在他们的飞行之前，人类的另一条飞天技术路线率先成功了——飞机的"兄弟"——飞艇。

第二章

探索飞行的另一种思路

空中的巨人——飞艇

载人热气球的尝试

在继续讨论滑翔机—飞机这条技术路线之前，我们先绕点路，谈谈另一条路线：气球—飞艇，它曾一度比飞机发展更快。第一次工业革命后，蒸汽动力的发明应用带给了人们极大震撼，甚至有人将蒸汽机神化，这类的情节大量出现在 20 世纪 80—90 年代的科幻作品中。一种体积巨大的飞行器，也经常在这些作品中露脸，它们庞大的体型，甚至让摩天大楼相形见绌；其内部空间有如地面建筑，却飘浮在空中，这种被称为"飞艇"的浪漫飞行器，在蒸汽朋克（steampunk）文化中有着举足轻重的地位。所以，飞艇最引人入胜的一点是——它们是真实存在的，它最早来源于气球。

人类最初乘坐气球的体验，与其说是飞行，倒不如说是飘浮，并不能把人带到很远的地方，当然，如果很幸运有风的帮助，也许可以。不过，能自主活动的气球当时已经存在许久了，法国作为气

蒸汽朋克插画中的飞艇（©ParallelVision/ 公版）

球应用的先驱，也一直走在技术前列。早在 1783 年 6 月，法国造纸商孟戈菲兄弟造出了一个用纸、布片和柴火组装的巨大热气球，在巴黎短暂升空，不过乘客不是人，是他们家的公鸡、鸭子和山羊。5个月后，他们有了两个自告奋勇的试飞员——皮拉特尔·德罗齐埃和达尔朗德伯爵，这才是人类首次乘坐热气球飘浮。第二年，另一个法国人让-皮埃尔·布朗夏尔，把一个手动螺旋桨装到了氢气球上，靠着手摇螺旋桨在空中移动，虽有点勉强，但至少也算飞行，而不是随风飘了。过了一年，他又在一件新作品上安装了鸟状尾巴，以增加飞行稳定性，这种结构在今天所有的飞行器上都很常见。但这次他抛弃了手摇螺旋桨，改用手摇翅膀来提供推进力，并且成功飞越了英吉利海峡。可以想象，他的体力一定很强，能在空中手摇翅

如何离开地球表面

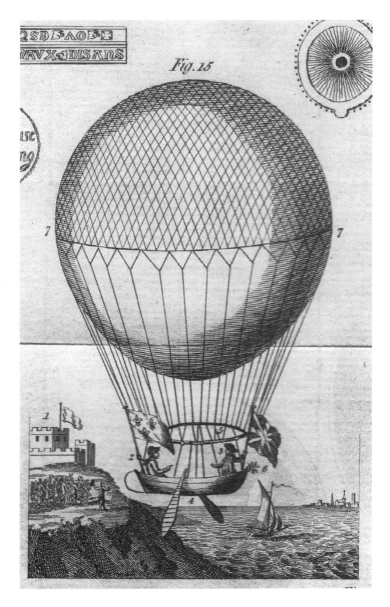

布朗夏尔飞跃英吉利海峡的插画（©Jmack361/ 公版，1785 ）

膀飞了几十千米。

但是，即使气球这样简易、原始的"飞行"道具，也能在战争中发挥大用。军事气球，最早出现在1794年法国的弗勒鲁斯战役中，最后法国靠它打赢了。后来，在美国南北战争中，北方军也利用气球取得了不小的战术优势，果然，先进军事技术的传播非常迅速。当时的北方联邦军领袖亚伯拉罕·林肯意识到了气球的潜力，专门组建了"联邦军气球部队"。人坐在氢气球里，飘浮在高空绘制战地地图，观察敌军动向，还能为炮兵纠正弹道。后来，联邦军不仅把氢气球和氢气制造机组合成一个移动空中观察单位，甚至还改造了一艘运煤散货船，把这套设备装到了船上，这艘名为"USS乔治·华盛顿·帕克·库斯蒂斯"的军舰，在1861年成为人类第一艘"航空母舰"。

在1863年的联邦军气球部队中，有一个来自欧洲的观察员——25岁的德国贵族费迪南·冯·齐柏林，他被载人气球和它的军事潜力深深吸引：如果气球能自主飞行，不仅能更好地观察形势，还可以直接在敌军头顶上扔炸弹，这不是更高效吗？年轻的齐柏林还申请坐气球体验一下，但是当时的联邦军指挥官拒绝了，不过在他回到欧洲之前，还是在美国获得了第一次气球乘坐体验。

从热气球到齐柏林飞艇

那么，飞艇又是怎么来的呢？在第一次工业革命早期，人类不仅学会了以科学的眼光理解世界，而且还有了大量可以拿来就用的新技术，比如蒸汽机。但这些铁家伙看着"傻大笨粗"的，就不像能飞的样子。但在 1852 年，法国人亨利·吉法尔就不信邪，把一个蒸汽动力装置装在了尺寸更大的雪茄形飞艇上，并成功飞出了 27 千米。气球和飞艇的军事潜力，这下子被法国军方看上了，于是这项技术开始加速发展——更复杂、高效的飞行控制装置被装载，更小巧的内燃机替代了傻大笨粗的蒸汽机。1884 年，法国军队的一艘由原始电动机驱动的飞艇，在飞行了 8 千米后回到原地，成为第一个能够回到起飞地点降落的飞行器。

就在德国的老对手法国推动气球和原始飞艇技术快速发展时，年轻的齐柏林和其他德国贵族一样在军中服役。尽管齐柏林极力游说，但这时的德国军方并没有意识到它们的军事价值。忠于祖国的齐柏林认为军事上报效国家最好的方式，就是制造出无与伦比的军事机器，从而在战争中占据优势。

到这一时期，所有的热气球和原始飞艇还都是软质的，不过是大一点的气球罢了。维持形状靠的是气囊内外的压力差。这本身没问题，但当气球体积大到一定程度时，气囊的材料便无法维持它的外形了，尤其是飞艇还要考虑飞行时的阻力和稳定性，一般都设计成细长形。在这样的形状下，柔软的气囊便显得更加性能不足了。而且，当飞艇做出转弯动作时，细长、柔软的艇身甚至可能直接弯折。

齐柏林的目标远大，想要造出不仅可以进行观察，还能远程飞行的巨型飞艇，直接把炸弹扔到敌人头顶上。所以软壳气囊型设计，从一开始就没被考虑，而且他还选择了更加困难和昂贵的金属骨架硬壳技术路线。整艘飞艇拥有一个硬质壳体，其内部填充着多个充满了氢气或氦气的气囊以提供浮力。这样制造出来的飞艇，载重更大，能以更快的速度飞行更远的距离。一切看起来都很美好，但是超高的性能，通常也意味着超高的成本。齐柏林的计划不仅没有被军方采纳，甚至还被认为是异想天开。但是，多亏罗滕堡国王认可了齐柏林的远见，为他提供了土地和起步资金。于是，齐柏林建造厂房，招募工人开始制造，一个个轻质铝合金骨架渐渐组合成巨大的工业怪兽，处处透露着金属朋克的工业美感。怪诞的齐柏林飞艇，在今天甚至成了一个流行文化符号。另外，在迈巴赫汽车被梅赛德斯奔驰收购以后，"齐柏林"这个名字偶尔也会出现在戴姆勒集团制造的顶级轿车上。

1900 年，第一艘齐柏林飞艇——LZ-1 上天了，它装载着 17 个氢气囊和 2 个由戴姆勒制造的小发动机。然而，这艘长达 128 米、气囊总容积超过 10 000 立方米的壮观飞行器，并没有打动德国军方。后来，经历过多次飞行失败和财务上的挣扎，甚至要靠全德国人的捐款，齐柏林才能维持他的飞艇梦。最终，普鲁士皇帝来到博登湖畔的腓特烈港，授予齐柏林普鲁士最高荣誉，以及对他来说更有价值的东西——飞艇的军方订单。

另一方面，飞艇先驱法国，此时已经将军事技术路线从气球和飞艇转向飞机了，所以齐柏林第一艘军用飞艇，毫无疑问一出世便是全世界最先进的。齐柏林甚至还制造了商用型号，交给全世界第一个民航运营商 DELAG，运营大城市间的航班飞行和观光飞行。

1914 年，第一次世界大战爆发，这场战争残酷地展示了血肉之躯在先进军事科技面前的脆弱性。齐柏林飞艇自然吸引了处在战争

1919 年在博登湖上飞行的齐柏林飞艇 LZ-120（© 美国国会图书馆，1919）

中的德国军方，战争初期仅有 8 艘飞艇的德军，立即下单了更多性能更强的飞艇，齐柏林以制造先进武器报效祖国的目标，看来真的实现了。新造的飞艇，结合了包括杜拉硬化铝合金在内的当时所有最先进的技术。

在德国海军出海时，飞艇紧跟着舰队，凭借更好的视野提供敌方动向，这带给了德国海军相当大的战术优势。但齐柏林远远没有满足，进一步要求德军派飞艇直接轰炸英国本土。德军被说动了，直接轰炸敌军本土，让战火不再仅限于前线，这就开启了现代全面战争时代。被卷入世界战争中的国家，即使身处后方，也依旧无法安心而居。

飞艇的优势与衰落

当时英军企图用原始的战斗机击落飞艇，然而，硬壳多气囊的飞艇非常难以击落，即使一部分气囊被击破，还是可以维持滞空，而且飞艇上的防空火力比原始战斗机还要强得多。直到英军装备了特殊子弹，可以引燃飞艇氢气囊后，这一情况才有所改观。被引燃的氢气囊会引起剧烈的爆炸，铝合金框架又会在高温中发生剧烈的铝热反应，放出耀眼的光和大量的热，整个飞艇变成了绚烂的烟火，点亮了英格兰的夜空，给目击者留下了一生难忘的深刻印象。英军研究了一架迫降而未爆炸的齐柏林飞艇，随后制造出了自己的复制品，还利用它们为自己的运输船队护航。当时德军的潜艇无法潜航，下潜时只能维持不动，而航行时必须露出水面，有了英军飞艇提供视野和打击能力，英国运输船队从此损失量大幅减少。

为了改变飞艇容易被英军击落的境况，齐柏林开发了性能更高的高空飞艇。这种飞艇可以在 6 000 米高空飞行，甚至可以躲在云层上面。从飞艇中可以降下一个小小的观察舱，里面只有一个观察员，通过电话告诉飞艇里的人航行方向，发出轰炸指令。这一回，飞艇是彻底隐身了，可以进行无预警轰炸。可以想象当时英格兰的居民，每天晚上在头顶随时可能掉下炸弹的情况下，是很难保证睡眠质量的。

这种可以进行战略轰炸的高空飞艇，虽然性能强大，但也对工程学提出了极其严苛的要求。因为高度越高，空气密度越低，但是飞艇体积和重量都几乎没有变化，所以为了获得相同的浮力，要将

美国海军购买的 R-38/ZR-2 飞艇（© 维基 / 公版）

艇身做得更轻。尽管齐柏林尽力优化了飞艇结构，但是高空飞艇依旧背负着艇身强度不足的压力。

　　1918 年，德国在第一次世界大战中战败。由于《凡尔赛和约》的限制，齐柏林飞艇在德国销声匿迹，齐柏林公司只能改行，开始用本来制造飞艇的铝合金材料制作厨具。战败的现实，让热爱飞艇的德国人非常遗憾与绝望。但是，在战胜国中，飞艇反而得以发展壮大，美国海军根据齐柏林飞艇复制了自己的版本，改进了飞艇的一个重大缺陷——氢气易燃。美国开发天然气，积攒了大量作为其副产物的氦气，这种惰性气体完全没有易燃烧的风险，安全性大大提升。飞艇的商业潜力也在英国吸引到了资本的注意。英国以一战中在其领土迫降的齐柏林 L-33 型飞艇为蓝本，改造成 R-34 型飞艇，在 1919 年实现了人类首次不经停飞越大西洋的飞行，仅仅耗时四天半。

1921 年，美国海军从英国购买了一艘高空飞艇的复制品——R-38型飞艇。飞艇在第一次试飞过程中，突然折断成两截，艇上 49 人中有 44 人遇难。事故原因是，工程师和飞行员没有考虑过这种脆弱的艇身在低空的稠密空气中转向时所承受的应力。至于如何解决这个问题，英国和美国的工程师都没有头绪。

后来，经过各国政府和齐柏林公司的掌舵人雨果·埃克纳的共同努力，齐柏林终于回到了飞艇制造业。齐柏林公司在这艘全新的飞艇上采用了各种当时的最新技术，并且在完工后，开着它向德国人民展示。可以想见，当时的德国民众看到它时的激动程度。这艘近乎完美的飞艇，随后飞越大西洋，被交付到美国人手中。在飞过纽约曼哈顿又降落到新泽西机库的过程中，它吸引了无数民众和记者观看，相关报道铺天盖地。

20 世纪 20 年代开始，各国都在继续发展和制造自己的飞艇，这些壮观的飞行器，确实也有着不错的安全记录和独一无二的乘坐体验。在当时，乘坐飞艇是欧洲和美洲之间最快捷的交通方式。在 20世纪 30 年代，飞艇发展到极致。例如，当时最先进的齐柏林飞艇"兴登堡号"，艇身长达 245 米，直径达 41.2 米，可容纳 20 万立方米的气囊，这与排水量 5 万吨以上的"泰坦尼克号"邮轮的体积相差无几。4 台戴姆勒柴油发动机，可驱动着它在 400~600 米的高空，以 135 千米 / 小时的速度飞行，单次航程可达到惊人的 16 500 千米，

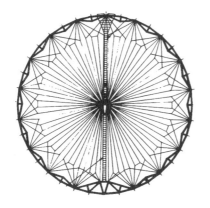

飞艇框架横截面（上）和巨型飞艇内部结构（下）（© 圣迭戈航空航天博物馆，1929）

甚至超过了今天所有的民航客机！但是，兴登堡号存在一个致命的缺陷——当时世界上大部分的氦气都掌握在美国手里。美国不仅对飞艇使用氦气有着严格规定，而且国家军需品控制委员会拒绝出口氦气。这导致兴登堡号被迫改用氢气提供浮力。

兴登堡号飞艇更令人惊讶的，还是它内部的豪华程度。可以想象当时飞艇船票是非常昂贵的，为了让这些富有的乘客获得令人满意的乘坐体验，飞艇上设置了餐厅、写字间，甚至有独立的吸烟室。为了让乘客享受雪茄的同时别把飞艇炸了，还特别安排一个服务员看守吸烟室，不让乘客把火源带出去。由于吸烟室内的压力高于外界，所以易燃的氢气不会在不知不觉中混入吸烟室。除了高级雪茄、美轮美奂的空中景观、独立卧室和淋浴，飞艇上甚至还配备钢琴，当然这台钢琴和飞艇上的沙发、床、隔墙等其他东西一样，都是经过特殊轻量化设计的。

为了飞行的安全与舒适，兴登堡号需要配置52名机组人员、乘务员和机务人员，而只能容纳72名乘客。当然，这些工作人员也不都是服务乘客的，在每一个发动机舱中，都有一名机械师负责操纵发动机，以及解决随时可能出现的问题，因为当年的内燃机可靠性确实比不了今天。巨大的飞艇出一趟门就是好几天，它轻薄的外壳也有破损的可能，这时候机务人员就会腰缠安全绳，在空中一边飞一边修理。不管是在逼仄、闷热、嘈杂的发动机舱里，还是高速飞行的飞艇外壳上，像这种要杂技一样的工作，相信都不是什么愉快的体验。

1937年3月，兴登堡号在美国新泽西莱克赫斯特准备降落时突然起火，整个艇身变成一个巨型火团，仅仅 30 秒后就坠落地面，艇内的 20 多万立方米的易燃氢气和铝合金骨架全都成了燃料。艇上 13 名乘客、22 名机组人员和 1 名地勤人员不幸遇难。毫无疑问，这并不是飞艇第一次出现的灾难性事故，却是最被大众熟知的一次，因为降落现场不仅有众多民众赶来观看壮观的飞艇降落，而且现场聚集了大量手持照相机和摄像机的记者。

兴登堡号这场骇人听闻的灾难，让人们对飞艇的安全性彻底失去信心。飞艇的客运业务迅速枯竭，航空运输业转而使用更快捷的飞机，而跨大西洋航线乘客则更倾向于虽然慢但也更安全和舒适的邮轮。

在军事领域，飞艇还有一些零星的研发和制造，但是再也没有像在一战中那样大放异彩过。其中最令军事爱好者兴奋的尝试，应该是"空中航母"，它最早是英国尝试制造的一种挂载飞机的飞艇，让飞艇把飞机带到战斗区域附近，然后释放，战斗结束后再回收，以来扩大当时的原始战斗机那捉襟见肘的作战半径。在这条路上美国走得最远，20 世纪 30 年代他们设计制造了 2 艘和兴登堡号尺寸接近的"阿克伦级"硬壳飞船。其内部带有一个微型机库，可容纳 5 架专门制造的 F-9C"麻雀鹰"双翼螺旋桨战斗机。这种飞机起飞时，通过挂在一个钩子上被推出机库放飞，降落时也挂在钩子上被拉回机库。这样一套奇怪的装备，与其说它是战争机器，倒不如说更像马戏团的杂耍道具。这些前辈的创造性，真是让今天的航空工程师叹为观止。这 2 艘空中航母，在 1933 年、1935 年先后坠毁，这条用飞艇当作战斗机空中母舰的技术路线，也就此走到尽头。不过，

兴登堡号飞艇爆炸的一瞬间（© 维基 / 公版）

人类远还没有放弃空中航母的梦想。

　　在 21 世纪，美国洛克希德·马丁公司的"臭鼬工厂"（我后面还会介绍这家传奇工厂）计划开发一艘能长时间滞空的飞行器，于是做了"技术考古"，复活了飞艇。然而，美国军方突然取消了研发和采购计划，这个计划流产了。洛克希德·马丁公司在此项目中的竞标对手、英国混合航空飞行器公司（Hybrid Air Vehicles，HAV）的工程师诺斯罗普·格鲁曼拿出了 HAV-3 型飞艇。原本的计划流产后，这种新生的飞艇来到英国，改为民用，并取名为"登空者 10 号"。

如何离开地球表面

它的外形就像人的臀部，所以得了一个绰号"飞天屁股"，前几年网上还能看到关于它的新闻（有兴趣的读者可以去搜一下）。但是，这依然是一种软壳飞艇，艇身形状和强度要依靠内部压力来维持，所以以齐柏林飞艇为代表的空中巨人——硬壳飞艇——真的是只属于那个年代的记忆了。

我之所以要专门说飞艇，是想解释一下上升、飘浮还不算是现代意义上的"飞行"。飞艇的逐渐没落，除了自身技术缺陷以外，更本质的原因还是飞机的快速发展，挤压了它的生存空间。那么，在飞艇发展的这些年里，飞机又经历了什么呢？

第三章

飞机诞生和基本原理

有翅膀，就能飞吗

从翅膀获得灵感

在位于加勒比海的背风群岛的海滩上，每年夏天都会迎来成千上万的黑脚信天翁，被父母精心喂养几个月的幼鸟，体重从几百克长到了几千克。流线的身材、修长而优雅的翅膀，怎么看都是属于天空的精灵。尽管羽翼已丰，但是，它们还没有成为真正的鸟，现在，是时候完成第一次飞行了。年轻的雏鸟在冲刺的过程中不停拍打翅膀，在成功之前已经筋疲力尽，有的被鲨鱼咬死，有的甚至直接淹死。但是当它们一旦成功起飞，便不再会停下了。几年以后，性成熟的黑脚信天翁才会再次踏上坚实的陆地——它们出生的地方，这是为了配偶和繁殖。

鸟纲鹱形目信天翁科的所有物种都十分擅长飞行，可以利用风力长时间地悬停，不需要拍打翅膀。天空就是它们的家，它们在天上所消耗的热量，和坐在陆地上打盹儿时差不多。信天翁每个月可

黑脚信天翁（©BrockenInaGlory/ 公版）

以飞 20 000 多千米，在几十年的"鸟生"中，总计可飞行数百万千米。这些天生的飞行者，即使拥有了飞行所需的一切，却依旧要冒着生命危险学习飞行，我们人类的航空先驱又何尝不是呢？

就像很多英语词汇源自拉丁语，英语"aviation"（航空）一词同样能追溯到拉丁语"avem"（鸟）。前面讲过，几乎所有的航空业先驱，最初都是在模仿鸟类，直到文艺复兴初期，人类才开始用科学的眼光观察世界，对鸟类飞行也有了理性的看法。比如，达·芬奇把他长期观察和解剖鸟类的研究成果结集成了《论鸟类飞行》一书，又给渴望飞翔的勇者提供了翔实的参考资料，更多的航空先驱在这条路上前赴后继。但是，经过几百年的努力，仍然没有出现一个成功的案例。17 世纪，文艺复兴晚期意大利科学家乔瓦尼·博雷

如何离开地球表面

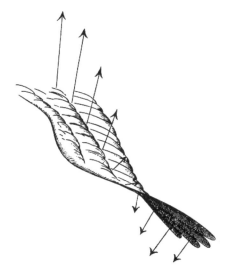

李林塔尔对鸟类扑翼的研究草图（© 李林塔尔，《鸟类飞行航空的基础》，1889）

利在《论动物的运动》一书中，深入研究和对比了鸟类与人类的肌肉、骨骼，然后失望地指出：没有鸟类轻盈的中空骨骼、流线型的身体和强大的胸肌，人类靠自身力量是不可能飞行的，所以，一切以肌肉为动力的扑翼飞行，都不可能成功。

但是，前人的努力也并非瞎折腾，在模仿鸟类制作各种扑翼飞行器和滑翔机的过程中，人们对于升力的理解更加到位，逐渐接近摆脱重力、一跃而起的神奇时刻。

从文艺复兴晚期到第一次工业革命初期，是一段人类科学和技术飞速发展的时期，如今我们熟知的很多定理、公式都出于此。牛顿在 1687 年发表的著作《自然哲学的数学原理》中阐述的三大运动定律，就可以对升力进行科学解释：当空气吹向机翼，在碰到机翼后，受力向下偏转。在这一过程中，只要机翼对空气施加向下的力，空气对机翼的反作用力就会将机翼向上推，升力也就此产生了。

飞离地面的三大条件

事实似乎也恰恰印证了这个解释：机翼面积越大，就会有更多空气吹向机翼，升力也就越大。机翼和空气的相对速度越大，那么在同一时间里，吹向机翼的空气也就更多，而在离开机翼后得到的向下速度也更快，升力也会更大。当机翼和气流的夹角（**攻角**）增大时，空气被机翼作用偏转的幅度也会增大，提高升力。这些解释，全都符合观察的结果，人们仿佛已经揭开了鸟类飞行的奥秘。其实，仅靠牛顿三大运动定律，无法对升力的原理作出完整的解释，因为机翼上侧的气流，同样和机翼有着相互作用，却未被考虑进来。

为了解决这个问题，18世纪的瑞士流体物理学家丹尼尔·伯努利提出了"伯努利原理"，终于解释清楚了流体中压力和速度的关系。在流体不对外做功时，流体压力便和速度有着直接联系——压力大则速度慢，压力小则速度快。如果将速度按这一数学关系换算成压力，那么速度同样可以被描述成一种**动压力**，再加上本来的**静压力**，则称为总压力。动压和静压此时形成了一种此消彼长的关系。因为机翼上方隆起，气流被加速，动压提高，静压降低，而机翼下方的气流速度不变甚至降低，即静压不变甚至升高。于是，机翼的上下方就出现了压力差，这样一来就形成了**机翼的升力**。

即使到这时，人类对于升力的理解，还远远谈不上完整。但没

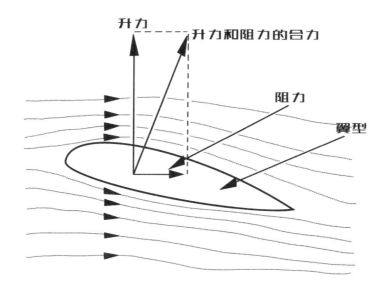

机翼的流体受力分析（© 关山 绘）

关系，在工程学领域，我们通常不会把一个完美的答案设定为最终目标，而是以低限度的努力获得一个可行的方案。如果我们的目标仅仅是"飞起来"，那么牛顿与伯努利对升力的描述就已经足够了。

其实，机翼之所以能产生升力，除了机翼上下的压力差以外，还由于气流因机翼表面的弯曲而弯折。当飞机平飞时，气流以平行于飞机的方向接近机翼；经过机翼的弯折，气流又以斜向下的方向离开机翼，这就带给飞机一个向上的反作用力，即升力。

当然，除了升力以外，人类在上天之前还需要解决其他问题。

幸好在第一次工业革命时期，各种新奇、有效的机器被陆续发明制造出来。就像伯努利所指出的，人类依靠自己的肌肉无法像鸟类一样飞行，但工业革命赋予我们钢铁筋骨和机械动力，而蒸汽机的发明又解放了大量从事体力劳动的工人。真正能输出功率、进行工作的蒸汽机，最早出现于17世纪的欧洲，此后又经过多次改良。这几百年间，蒸汽机不断发展出形态各异、原理不同的型号，但是蒸汽机作为一种**外燃机**——燃烧产生的燃气不直接输出动力，需要水作为工质进行能量转换——效率很低。燃烧的锅炉将水烧开形成水蒸气，接着水蒸气要么膨胀做功，要么冷凝收缩做功。燃烧产生的热量，只有很少一部分被转化成了蒸汽机的驱动力。

晚期的蒸汽机，发展成了最先进的三胀式蒸汽机，由锅炉加热水产生的高压水蒸气，被先后引入3个汽缸，在被压榨出尽可能多的机械功率后才会排出。即使是这样，蒸汽机的效率依旧低得可怜。但它最大的问题还不是效率低——如果动力足够，就算效率低也能用，这时候还不用考虑性价比问题。相对于蒸汽机的功率来说，它自身的重量太大了。尽管小型蒸汽机也曾经被装到热气球上实现动力飞行，但对于轻巧、脆弱的飞机来说，它无论如何也承受不了蒸汽机那庞大的重量。

发明家们又想到一个办法：如果能让参与燃烧的物质直接做功，省去烧水再推动活塞的步骤呢？这样一来，不仅省了锅炉，还省了水的重量，这就是内燃机的原理了。如今，所有汽车和飞机的发动机都是由不同种类的内燃机推动的。在法国，物理学家丹尼斯·帕潘于1679年制造出第一个蒸汽机模型，但在9年前的1670年，荷兰物理学家克里斯蒂安·惠更斯已用火药在汽缸内燃烧，用参与燃烧的气体推动活塞膨胀做功，验证了内燃机的工作原理。然而，接下来的一个多世纪里，内燃机技术始终没有像蒸汽机那样获得长足的进步，或许，它是在等待着什么。

1860 年，比利时工程师艾蒂安·勒努瓦以蒸汽机为基础，研制出了世界上第一台真正实用的内燃机。从他的作品中，我们确实可以清晰地看到其设计来自蒸汽机：自重大，毫无优势，热机效率也极低，只有 2%~4%，甚至不如蒸汽机。但是这仅仅只是个开始，刚刚登上历史舞台的内燃机，接下来将一直大放异彩，直至今天。

在勒努瓦获得他的内燃机专利并进行量产的几年后，德国工程师尼古拉斯·奥托以提高气体膨胀率将内燃机效率提高到 10%，并因此获得 1867 年巴黎博览会最高奖。1876 年，奥托再次大幅改进内燃机，在燃烧前加入了压缩步骤，将效率再次提升至 12%。至此，**四冲程内燃机就此定型了。**

所谓四冲程，即"吸气—压缩—燃烧（做功）—排气"，气体先被吸入汽缸内，活塞压缩再点燃，燃烧后的高温高压气体推动活塞膨胀做功，再被排出，这个循环被命名为"奥托循环"，也是如今汽车发动机中最常见的循环。可惜的是，奥托的发动机是以煤气作为燃料的，煤气本身易燃易爆，又不好储存，这就限制了这台发动机的实际应用。

1885 年，由德国发明家戈特利布·戴姆勒发明的发动机，选择以汽油为燃料，并且安装在汽车上。1893 年，另一位德国工程师鲁道夫·狄赛尔发明并制造了柴油机，又让燃机效率暴增至 27%。到

勒努瓦内燃机（© 约翰内斯·马克西米利安 摄 / 公版）

"OTTO" GAS ENGINE.

Over 14,000 in Use.

Consuming 20 to 70% less Gas than any other engine.

SCHLEICHER, SCHUMM & CO.,
33d & Walnut Sts., Phila.   214 Randolph St., Chicago.

奥托内燃机（© 维基 / 公版，1890）

如何离开地球表面

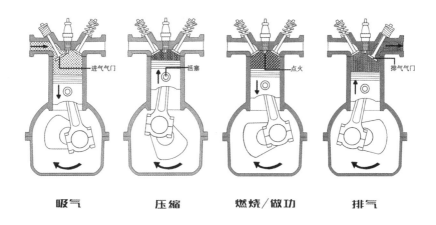

进气气门　　活塞　　　　点火　　　　　排气气门

吸气　　　　　压缩　　　　燃烧／做功　　　　排气

四冲程内燃机原理（© 关山 绘）

这里，克服重力飞向蓝天的第二个核心问题——动力——可以说已经解决了。人类几千年来的梦想实现，似乎只差一架装上先进内燃机的飞机了，一切看上去前途光明。但是，先别急，人类要上天，需要解决的问题远不止升力和动力。

　　蒸汽机和原始内燃机在飞行上具有实用性之前，认识到模仿鸟类扇动翅膀驱动飞行对人体不现实以后，在这段时间里快速进步的科技，似乎让人更清晰地意识到飞行梦想的遥不可及。然而，在这段时间里人们也开始研究固定翼无动力滑翔机，这为动力飞行的成功打下了坚实的基础。其中不乏一些成功离地的例子，但这些都还谈不上是成功飞行，因为，他们的实验都暴露出一个巨大的技术问题——飞行控制。人们越是接近飞行，就越能明显地感受到飞行控制的困难，而仅仅依靠鸟类解剖，无法解决这个问题，毕竟我们也

垂直轴
方向舵 —— 偏航

横轴
升降舵 —— 俯仰

纵轴
副翼 —— 滚转

飞机运动三轴示意图（© 关山 绘）

不是真的想造出一只鸟来。虽说航空和航海有很多相似之处，但是用船只的航行姿态控制方式来控制飞机，那就想得太简单了。因为，飞机在三维的空中运动，拥有更高的自由度，可以沿着三个轴转动，当然这也是飞行如此富有魅力的一个原因。飞机左右滚动的角叫作**滚转角**，抬头和低头的角叫作**俯仰角**，而像汽车一样左右转动的角叫作**偏航角**，而飞行控制困难之处不仅在于飞行自由度大，还有这三轴的运动会相互影响、相互**耦合**，而且飞机在这三轴上的运动表现，与重心位置有很大的关系。

今天再回看航空先驱们面对动力不足、结构脆弱、无法控制等难题，依旧勇敢地在这条路上前赴后继，心中不由得升起一股敬意。

1799 年，英国人乔治·凯利爵士就是这类勇者，他率先以科学的方法研究航空，理解了飞行原理。他认为：首先，依靠扑翼动力飞行是不可行的，飞机需要依靠某种动力推进飞行。其次，仅靠机

如何离开地球表面

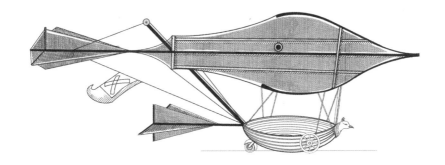

凯利爵士的滑翔机结构（© 关山 绘）

翼飞起来是远远不够的，为了实现稳定和可控的飞行，不仅需要提供稳定的翼面，还需要可以控制的舵面用来操纵飞机。凯利成功设计和制造的"凯利滑翔机"，最大特征是巨型风筝一样的固定翼，可提供升力；在固定翼的后面还有一个呈"十"字形的尾翼，水平尾翼提供飞行俯仰稳定性，垂直尾翼提供偏航稳定性。为了操纵滑翔机，凯利又制作了一个类似尾翼的也呈"十"字形的舵。驾驶员可以坐在滑翔机内操作它，垂直转动控制俯仰，水平转动控制偏航，就像控制船的舵一样，只不过除了左右动作以外，还有上下动作。

凯利还天才般地在滑翔机内部装了一个可移动的平衡中块，根据需求可以前后移动调整重心。凯利滑翔机的思路和布局，已经可以看出一些现代飞机的雏形了，而凯利滑翔机也成了人类历史上第一个成功飞行的固定翼飞行器。凯利对航空领域的贡献，也不仅仅限于滑翔机，为了得到最优的机翼翼型，他进行了大量的实验测试。

在今天，这种事我们都会通过计算机模拟和风洞实验室来进行，而早在 200 年前，凯利就制作出了一台旋转臂，将实验用的机翼固定于一侧，转动旋转臂来测量升力和阻力。他借此得到了非常高效的弧形机翼。如果旋转臂一侧装着可以产生升力的机翼，另一侧也装上机翼，然后转动，这不是就可以直接起飞了吗？没错，凯利还提出了他对直升机的设想，并制作了一个小尺寸模型。

承上启下的李林塔尔

1857 年，凯利爵士溘然长逝，航空技术发展的故事线也随之从英伦三岛回到了欧洲大陆。这一年，奥托·李林塔尔只有 9 岁，三年后，这个家境贫寒的德国少年进入了安克拉姆的一所中学学习。在这段时间里，他开始观察鸟类和模仿鸟类飞行。

求学期间，出于强烈的兴趣，李林塔尔对鸟类尤其是鹤科进行了大量的观察和研究，又按照学校教授的科学方法对观察结果进行一一记录。为了验证自己的观察和研究所得，李林塔尔和弟弟古斯塔夫一起制造了一个扑翼测试装置。重物通过滑轮机构吊起悬挂在吊臂上的人和扑翼装置，当扑翼装置静止的时候，重物的重量等于人和扑翼装置的重量总和。所以，当人拍打翅膀产生升力抵消部分重力时，维持平衡就需要更轻的重物。这样通过静止和拍打翅膀时的重物重量差，就能计算出拍打翅膀产生升力的大小。实验结果表明，李林塔尔通过拍打翅膀，最多只能制造 40 千克的升力，想靠拍打翅膀上天是不可能的，这同样验证了 100 多年前意大利人博雷利的推断。然而，这套装置的使命到此并未结束。

在中断了李林塔尔扑翼飞行的梦想实现之后，这套设备又被用来测试固定的弧形机翼的升力。在李林塔尔年轻的时候，人类对空气动力学的认知尚且非常浅薄和幼稚，即使是站在学术前沿的科学家，也不能给出完备的数学描述。通过在这套装置上的实验，李林塔尔发现：如果给予机翼的截面一定的弧度，升力就可以大幅提高，而阻力变化不大。绕过了精确和优雅的数学模型，直接得到具有实用性的翼型，即使在今天看来，李林塔尔制作的这种机翼也是相当符合空气动力学原理的。但是由于经济上的拮据，李林塔尔没办法继续深入飞行研究。

暂时搁置了飞行梦的李林塔尔去柏林求学，他的母校如今演变为柏林工业大学（火箭天才、V2 火箭和登月火箭"土星 5 号"的总设计师冯·布劳恩也毕业于这所学校；其他校友还有现德国宇航局航空部部长亨克，他也是我们学院的前院长）。在求学过程中，李林塔尔展现出过人的工程学天赋，在毕业后，他和弟弟古斯塔夫·李林塔尔一起发明并申请多个机械专利，成功量产，比如挖矿机、高效锅炉和一种可装在墙上的小型蒸汽机。这些成功的产品，为李林塔尔带来了一笔财富，但是金钱并没有使他忘记初心。

1889 年，李林塔尔出版了《鸟类飞行是飞行艺术的基础》，在书中尖锐地指出：当时被大众所接受的气球和飞艇飞行是错误的。尽管凭人类的力量无法像鸟一样飞行，但是像鸟一样滑翔，却是可行的，其中最关键的是如何控制飞行姿态，而人类的力量对于飞行控制来说完全是足够的。历史也证明了李林塔尔的正确性，他的这本书，也成了 19 世纪最重要的航空类出版物之一。

　　具备了足够的理论基础，李林塔尔便开始着手制作滑翔机，他采用涂了蜡的纯棉面料作为机翼蒙皮，骨架则选择柳木，这架滑翔机拥有 6~10 米的翼展和 14 平方米面积的机翼，还有一片垂直尾翼和一片水平尾翼交叉，这和如今大部分飞机的布局都很相似。李林塔尔在设计滑翔机时，通过移动自己身体在滑翔机中的相对位置来操控滑翔机，这样就能省去大量复杂的活动结构和控制结构，也可降低机身复杂性和重量。对于这么小的滑翔机来说，人的身体移动提供的操纵力也算够用了。如果身体向前倾，滑翔机降低攻角，进入俯冲；而降落时身体向后，增加攻角（就像鸟类降落时身体向右倾斜一样），滑翔机则向右盘旋，向左则反之。

　　制作完成后，李林塔尔就架着滑翔机原型在自家院子里的跳板上进行练习、测试，一个 44 岁的成功企业家，背着像大鸟一样的架子在院子里上蹿下跳，场面虽有些滑稽，却也很令人触动。在 1891 年，李林塔尔在柏林西郊的一座山头上，成功首飞了他的滑翔机 Normalsegelapparat，飞行距离为 25 米。拜当时已成熟的摄像技术所赐，他的朋友、气象学家卡尔·卡斯纳成功记录下了李林塔尔试飞的全过程。李林塔尔成功首飞后当然没有满足，在每次飞行后，都会对全程进行记录、评估，并改进滑翔机，比如增大了尾翼面积和调整尾翼角度增加飞行稳定性。两年后，飞行距离已经达到了 250 米。

　　从 1894 年开始，李林塔尔还将他的滑翔机进行了量产，至少有 9 架，其中 4 架如今已经被修复，分别收藏于慕尼黑德意志博物馆、华盛顿美国国家航空航天博物馆、伦敦科学博物馆和莫斯科

李林塔尔和他的滑翔机照片（©维基百科／公版）

茹科夫斯基博物馆。这不仅是人类历史上首架可重复使用的滑翔机，而且还是第一个量产的型号。其实我第一次听到这架滑翔机的故事还是在读硕士时。我们前院长回学校讲座，那时他已经升任部长了，据他说，当年德国宇航局有一个科研项目，就是按照李林塔尔的制作方法复制了他的滑翔机，并且用今天先进的工程方法进行测试，甚至还在位于荷兰马克内瑟的 DNW 德荷合作风洞实验室进行了风洞测试。而后，由德国宇航局空气动力学教授马库斯·拉斐尔亲自驾驶它进行试飞，并且对它的飞行性能给予了高度评价。我在参观 2016 年柏林航展时，还曾亲眼看到了这架复原的 Normalsegelapparat，心中感慨万千。如今，它已经回到了李林塔尔的出生地：位于安克拉姆的奥托·李林塔尔博物馆。

继 Normalsegelapparat 之后，李林塔尔还制造了多架不同型号的滑翔机。1893 年李林塔尔还曾经测试过由高压二氧化碳的气动发动机驱动的扑翼飞行器，可见几十年后他还对扑翼飞行有着非凡的执念。1895 年,他曾驾驶两架不同设计的双层机翼滑翔机,其拥有 25 平方米的超大机翼,可以在相同速度下获得更大升力,当然,同时也会制造更大的飞行阻力。

得益于当时先进的摄影技术,李林塔尔飞行的故事被详细记录且广为流传,李林塔尔自己也很主动地向学界提供自己的实验结果并且在期刊中发表文章。李林塔尔一生中进行了超过 2 000 次的飞行,大幅推进了航空工程学且激励了无数航空先驱。1896 年 8 月 9 日,他终于失去了飞行的能力,由于阵风的影响,他从 15 米高度进入了旋转随后摔向地面,这也是人类第一次认识到阵风对于飞行稳定性的影响以及旋转飞行姿态的危险。我曾经在飞行实验课上驾驶滑翔机体验过旋转飞行,对于没有经验和充分理解的人来说,这确实非常吓人。可见李林塔尔当年是冒了多么大风险。他在这次飞行意外中摔断了脊椎,四天后便在柏林因病去世,他的临终遗言"少许牺牲是必要的!"作为墓志铭,被留在他位于柏林的墓碑上。作为一名航空先驱,他也算求仁得仁。

被奥托·李林塔尔所启发和激励的人中,最著名的就是莱特兄弟。他们从李林塔尔的经历中认识到实现飞行的三大要素——升力、动力和飞行控制,并且汲取灵感,最终开发出自己的飞机,实现了人类第一次成功的动力飞行。威尔伯·莱特曾经对李林塔尔给出极高的评价:

> 在 19 世纪所有尝试解决飞行问题的人当中,奥托·李林塔尔无疑是最重要的……没错,在他之前的数百年里,人们已经

尝试过滑翔，而在 19 世纪，凯利、斯宾塞、恩汉、穆兰德与许多其他的人都在滑翔方面做出过微小的努力，但是他们都彻底失败了，没有结果。

莱特兄弟的三大成就

莱特兄弟的成就，相信读者们至少听说过一点，但他们的成功绝对不是偶然，这一路上的探索，都与他们青少年时期的经历有着很大的关系。

19 世纪 70 年代，威尔伯·莱特和奥维尔·莱特两兄弟的父亲因为工作的关系经常出差，也会给孩子们带回一些新奇的小玩意儿。1878 年，老莱特带回一个由法国航空先驱阿尔冯斯·潘瑙设计的直升机玩具，以一个橡皮圈来储存能量，驱动螺旋桨，带动纸和轻质木材制作的机身短暂摆脱重力。兄弟俩非常喜欢这个玩具，玩坏以后还自己仿制了一个，父亲挑选玩具的无心之举，却在兄弟俩心中种下了研究飞行的种子。在哥哥威尔伯高中毕业以后，莱特一家搬迁回位于俄亥俄州代顿市的老家。两兄弟都从学校毕业以后，在当地开办了一间印刷厂，他们在工作中对印刷机不甚满意，于是开始设计和制造印刷机。印刷和印刷机业务还没经营几年，美国就掀起了一阵自行车热，兄弟俩跟风创立了"莱特自行车交易所"，开始销售和维修自行车，几年后甚至开始自主设计制造自行车。这个决定，不仅给兄弟俩的飞行事业提供了资金支持，而且积攒了大量关于机械设计和制造的一手经验，这对他们的飞行事业有着无可替代的帮助。

其实，当时的科学界对升力的形成原理和数学描述并没有被广泛地公示，但莱特兄弟还是决定采信李林塔尔的著作和实验数据，并以此设计和制造了多架用来测试的滑翔机。实际上，莱特兄弟得到的升力数据远不及预期，十分沮丧，因此而对业内所有机翼数据表示怀疑。为了打消自己的怀疑，莱特兄弟以极低的成本制作了一个实验装置——在自行车把手前安装一个轮子，一侧连着缩小版的李林塔尔机翼，另一侧是一块简单的平板，然后骑着这辆奇怪的自行车拼命地蹬，看轮子会转向哪一侧。在这个简易实验中，他们认识到李林塔尔的数据并不可靠，为了能设计出可靠稳定的机翼，他们决定开展范围更大的实验，对这个目标而言，这辆怪异的改装自行车就不大够用了；而为每一种需要实验的机翼制作滑翔机、进行测试，所需的投入过于庞大，对于当时的小店主莱特兄弟来说不大可能。

风洞试验

结果，1902 年，他们制作了一个非常简易的风洞实验室，还用自行车辐条和其他零件制作了平衡架来固定机翼模型。在这个寒酸的风洞实验装置中，他们测试了 200 多种不同形状的机翼，为设计飞机提供了非常宝贵的数据。尽管莱特兄弟没有精致的空气动力学数学模型，但是通过实验，他们得出一个重要结论——较长和较窄的机翼，可以在相同阻力下获得更高的升力。（机翼长度为**翼展**，机翼宽度为**翼弦**，航空工程学专业术语中的**展弦比**，即翼展和翼弦之比，莱特兄弟的这种机翼就是高展弦比的机翼。升力阻力之比称为**升阻比**。）

复原后的莱特兄弟的风洞装置（© 维基 /ML Watts 摄 / 公版）

　　莱特兄弟得到的这个结论，确实也符合事实。观察鸟类，那些可以长时间滞空需要很好升阻比的鸟类，都有细长的翅膀，比如皇家信天翁（Royal Albatross），而今天的先进滑翔机，也都拥有超高展弦比的细长型机翼。其实，更高展弦比的机翼，不仅升阻比更大，而且还可以提供更高的飞行稳定性。科技在进步，在莱特兄弟的实验中可以看出，李林塔尔所选择的机翼翼型，性能并不是非常优秀。

　　得到了机翼升力实验数据后，莱特兄弟制作了新的滑翔机，并进行飞行测试，结果喜人，他们获得了想要的升力。

　　莱特兄弟有着丰富的印刷机和自行车设计制造经验，但发动机则是另一回事了。他们希望能从市面上直接购买优秀的轻量化内燃机为飞机提供动力，但是，没有一家制造商的产品可以满足他们的需求。踏破铁鞋无觅处，他们自家店里的机械师查理·泰勒只用了6周就做出了符合要求的发动机。为了减轻重量，这台发动机突破性地使用了铝合金铸造缸体。铝合金的优点是很轻，但耐磨性和强度都不如铸铁。在当时的发动机使用场景中，重量并不是很要紧，所以没有什么制造商会去制造铝制缸体发动机。如今的发动机材料和发动机技术跟当日已不可同日而语，铝制缸体发动机也已普及到大部分新款汽车中了。查理·泰勒制作的这款发动机，还采用了燃油喷射系统，而不是化油器。这台82千克的发动机，可以制造12马力，以今天的标准来看，性能十分不堪，但是在当时已经非常优秀了。为了不让外人知道自己为发动机减重的秘密是用铝制缸体，莱特兄弟还把发动机涂成了黑色，让人误以为是铁制的，为保护专利可谓用心良苦。

螺旋桨动力

输出动力的发动机有了，为了驱动飞机，还需要能将发动机动力转化为推力的螺旋桨。本来，莱特兄弟觉得直接照着船上的螺旋桨做一个装上去就完事了，然而，那时候的造船工业也不能说完全遵循了科学规律。他们绞尽脑汁，也没找到设计船用螺旋桨的理论依据和数学模型。但是经过思考，他们发现，螺旋桨不就是一个能旋转的机翼吗？翼面旋转切割空气产生阻力的同时，翼面产生的升力就成了螺旋桨的推力。这个结论非常正确，不管是固定翼飞机的螺旋桨，还是直升机的旋翼，其截面其实都是机翼的几何翼面，只不过，如今科技发展，它们结构变得更复杂和精致，效率也更高。

莱特兄弟继续在风洞中测试了不同的螺旋桨设计，并且决定了最终要应用的螺旋桨。作为自行车专家，通过总结自行车在拐弯时

莱特兄弟的螺旋桨飞机（© 莱特兄弟博物馆／公版）

的运动规律，莱特兄弟从一开始就知道当自转物体沿着另一根轴旋转时会制造一个扭矩，这就是**进动现象**。假如只有一个螺旋桨，或者两个螺旋桨往一个方向旋转，则飞机几乎无法操控。所以，他们选择用一台发动机驱动两个往相反方向旋转的螺旋桨，它们产生的扭矩会相互抵消，完美规避了这个问题。莱特兄弟认为，他们用 3 片云杉木片贴合制作的螺旋桨，效率可以达到 66%，而实际上，利用现代技术测试得出的结果居然超过了 75%，甚至达 82%，已经很接近现在先进的螺旋桨了！

升力和动力的问题都解决了，现在只差飞行控制，一架完备的飞机就能被设计制造出来了。但是，控制问题一点也不比前两点容易。对于升力和动力来说，尽管还有些幼稚，但是人们多少已经有了一些理解。而飞行控制，人们原以为很简单，船和汽车不都是很容易操控的吗，飞机能有多难？但是，看着一个个航空先驱刚离地就一头栽下来，其中多少人又因此丧命，莱特兄弟此时面对的，是更多的未知。

李林塔尔依靠身体移动控制滑翔机的方案，在莱特兄弟看来有着严重缺陷，能提供的控制力很有限；而鸟类不仅可以控制身体的重心，还能通过翅膀的动作来改变飞行姿态。所以，通过机翼的动作来控制飞行，应该是更加可靠的，不过，如何才能改变机翼形状呢？

翘曲机翼

有一天，威尔伯在自行车店里把玩自行车内胆的包装盒，脑中突然闪出一个绝妙的点子：就像纸盒可以被扭动一样，机翼也可以被扭动啊。于是，他们开始在双翼滑翔机上验证这个被称为"翘曲机翼"的方案。像纸盒一样将机翼两侧扭向相反方向，升高和气流夹角的一侧，升力增加；降低和气流夹角的一侧，升力降低，机翼两侧升力的差距便可以实现飞机的滚转。很快，莱特兄弟制作了一个可以操控翘曲的风筝翼，验证了这个方案，效果非常好，根据操纵者的控制，风筝能自如地左右转向。这个设计，在当时是革命性的，其他同时期的航空先驱觉得飞机和汽车与轮船的转向原理应该没什么区别，而莱特兄弟的设计方案，能让飞机在转向时像自行车一样向一侧倾斜，历史证明了莱特兄弟的设计是正确的。莱特兄弟的"翘曲机翼"设计，当然只适用于较为柔软的机翼，在日后的飞机中被改进为机翼外侧的一片舵面可以上下转动，左右作动（做飞行动作）方向相反，可增加和降低升力。这片舵面在航空业术语中被称为**副翼**。

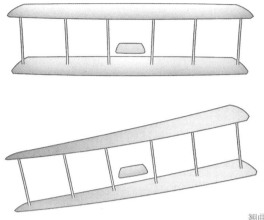

翘曲机翼（©R. Bishop/ 公版）

  "翘曲机翼"方案解决了飞机侧倾转向的问题，就像大部分飞机方案一样，莱特兄弟也安装了水平升降舵用来控制飞机的俯仰姿态。但是不同于其他方案，莱特兄弟的升降舵被安装在机翼的前面。因为他们发现，它在下降时产生的降落伞效应，可以避免失控俯冲导致的坠毁，就像李林塔尔的最后一次飞行那样。这样的设计，确实也在以后的试飞中救了威尔伯·莱特一命。因为升降舵装在机翼前面，机翼的位置就相对后移，这导致采用这种布局的飞机看上去像一只正在飞的鸭子。所以，这种装在机翼前面的升降舵，后来被法国媒体戏称为"鸭翼"（canard），这个称呼一直沿用至今。如今，随着电子科技大幅进步，相当多型号的战斗机和一些民用飞机都选用了这个布局，比如，欧洲设计和制造最先进的战斗机"台风"和"阵风"。而大部分的飞机都将升降舵和水平尾翼装在一起，放置在机翼后面，这样可以提高飞行稳定性，降低一定的操控敏捷性。这并不是一定更好，只是不同的选择罢了。对于民航客机来说，稳定性当然非常重要，所以我们今天能看到的所有民航客机，其水平尾翼和升降舵都位于机尾。

他们用来验证设计的无人风筝和载人滑翔机，选得越来越多也越来越大，离飞行也越来越近。但是，在测试大型滑翔机的滚转性能时，翘曲的机翼会导致滑翔机向相反的方向偏转，这种现象称为**逆偏航**。原因是，对于所有机翼来说，升力和阻力永远是相伴相生的，既然一侧机翼扭转增加攻角，提高升力，那么阻力也一定会提高；另一侧减小攻角，降低推力，阻力也就同时降低了。左右机翼升力不对称的同时，阻力也不对称，就造成了飞行器的偏航。

莱特兄弟为了解决这个问题，设计了一组固定垂直尾翼，这确实提高了飞机的稳定性，"逆偏航"现象几乎不可察觉。但是固定垂直尾翼，又导致滑翔机在滚转后回正时不听使唤，不仅回不来，还会进入"死亡螺旋"，在不受控的盘旋中转弯越来越急，同时快速丧失高度，最终撞向地面。奥维尔·莱特很快就意识到，增加的垂直尾翼虽然解决了以前的问题，却又带来了新问题，还是要通过修改这个垂直尾翼来解决。

于是莱特兄弟在固定的垂直尾翼上，增加了一个可以左右摆动的舵面，它的控制铰链被连到了机翼翘曲的操纵杆上。机翼翘曲左右升力不对称造成的左右阻力不对称，会被反向转动的尾舵造成的偏航力矩抵消，让飞行器可以进行一个干净、可控的倾转，就像鸟类和自行车那样。威尔伯·莱特曾经错误地认为尾翼是不必要的，转向只靠机翼的动作就够了。如今他也正确地意识到，尾翼和尾舵

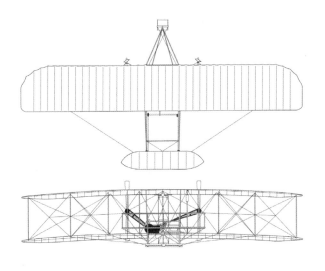

莱特兄弟 1903 年的飞机设计（重绘图）
（© 维基 / 公版）

还是有必要的，但功能是修正飞行姿态。莱特兄弟在之后的改进中，将尾舵的控制从翘曲机翼操作中独立出来，他们的尾舵，如今在航空业术语中被称为**方向舵**。

到这里，莱特兄弟已经实际上解决了飞机上天的三大难题：升力、动力和飞行控制。只要把所有解决方案结合到一架精心设计的飞机上，人类上千年的飞行梦就要实现了。这也是莱特兄弟的贡献。"飞行者一号"承载了当时所有人类尖端航空科技和翱翔蓝天的梦想，1903 年 12 月 17 日在小鹰镇腾空而起，12 秒内飞行了 36.5 米，最高飞行速度达到10.9千米/小时，甚至还没有人用双腿跑得快。但是，这是人类第一次真正的动力飞行。当时的画面非常幸运地被照相机记录了下来，相信读到这里的你一定也看过。

在接下来时间里，莱特兄弟不停地继续制造、试飞、改进更多的飞机，到1905年，他们的飞机已经可以进行超过38分钟的飞行，航程超过39千米，而且还是因为飞机燃油耗尽才不得不降落的。这毫无疑问是成功的设计，但是他们的成功，当时并没有被世人所接受。美国政府、军方和杂志记者，没有人相信这两个造自行车的小伙子能造出飞机来，毕竟那么多受到政府和军方资助的著名航空先驱都还没有成功；而大西洋彼岸的欧洲航空界对莱特兄弟的成功不仅充满质疑而且还大放厥词，说他们是"哗众取宠"。莱特兄弟不仅没有得到公众的认可，而且尽管他们把所有时间精力都用在飞机销售上，但一架也没卖出去。

不过，他们在1906年5月迎来了重大转机，飞机的专利通过审核批准。从此他们不再害怕被其他人剽窃设计，高调地到处进行公开飞行表演。很快，美国陆军通信兵团和一家法国公司先后同他们签订了购买合同。1908年8月8日，威尔伯·莱特以自己高超的驾驶技巧和飞机优良的操控性能，有力地回击了曾经污蔑他们的欧洲航空界。从此，世人对莱特兄弟的成功不再有任何质疑，动力飞行成为现实，人类从此正式进入了航空时代。接下来，航空业极速发展，速度之快恐怕超过了莱特兄弟所有大胆的狂想。

第四章
战争与飞机的进化

空中骑士

欧洲的早期航空业

> "那边有一座悬崖，它的峭拔的绝顶俯瞰着幽深的海水。"
>
> ——莎士比亚《李尔王》

一道英吉利海峡，将不列颠与欧洲大陆分隔开来，两岸距离最近处的多佛，正好是一处悬崖峭壁。再加上潮汐和风暴，英吉利海峡成了一道完美的军事屏障。即便是率领罗马军团只用 8 年便征服了桀骜不驯的高卢，说出"我来了，我见过，我征服！"这等豪迈之语的恺撒，也没能征服不列颠，英吉利海峡在此厥功至伟。除了给恺撒的征服带来麻烦以外，在诺曼征服、西班牙无敌舰队入侵、第一次英荷战争和大同盟战争中，英吉利海峡一直保卫不列颠超过千年。但是，当法国人路易·布雷里奥驾驶他自己研制的"布雷里

1909 年布雷里奥驾驶飞机飞过英吉利海峡（© 维基百科 / 公版）

奥 11 号"（Blériot XI）从法国起飞降落至英国多佛的时候，英吉利海峡突然变得狭窄，再也不能像以往那样保卫不列颠了。

说到保卫，属于莱特兄弟的美国 821393 号专利——"飞行器专利"，不仅保卫着莱特兄弟的发明，还包含着莱特兄弟在"飞行者一号"以及之前的滑翔机所用的飞行控制手段。所以，理论上讲，如果有人造了一架飞机，通过改变机翼轮廓来控制飞机，就像"飞行者一号"那样，或者像一只鸟一样，那这架飞机就侵犯了莱特兄弟的专利。而且，莱特兄弟确实也是这样做的，他们长年奔波在各地法院维护自己的权利，不再像从前一样有充分的时间和精力投入在设计和改进飞机上，从此再也没有拿出令人惊叹的作品。

法国航空业是怎么赶上来的？那还得继续说莱特兄弟。他们在法律上的努力得到了回报，赢得了多件决定性的官司。由于他们的专利垄断了飞行控制技术，又得到了美国法院的支持，在美国飞机制造业，相当于对其他所有企图进入的人关上了门。而莱特兄弟自己又忙于打官司，设计和制造飞机的事业停滞不前。这就导致了一个非常尴尬的情况——美国作为飞机的发源地，飞机技术在仅仅几年后就落后于法国，甚至在一战时期，美军竟然没有美国飞机可买，不得不从法国采购。

为了破局，美国政府牵头成立了航空器制造协会，由美国各大航空器制造商共同建立一个专利池。这些制造商在付出一定成本以后便可以使用其中所有专利，而且它们之间正在进行的专利诉讼全部撤销。

由于莱特兄弟的专利垄断，其他航空业先驱不得不绕开莱特兄弟的飞行控制方式，但反倒因祸得福，逼出了一些新思路。比如，与莱特兄弟有官司纠缠的格伦·柯蒂斯，为了避开莱特兄弟专利中的翘曲机翼，选择使用固定、不可翘曲的机翼，同时又在机翼两侧各装了一片可以动的舵面，来取代翘曲机翼的功能。刚才说过，这个舵面就是副翼。虽然最后这个设计依然被法院判定侵犯了莱特兄弟的专利，但是随着飞机技术发展，由轻质木材和涂蜡帆布制造的柔软机翼，已经无法支撑起越来越大也越来越重的新飞机了，所以固定机翼加副翼的设计，反而更加实用。

法国一直都有航空传统，政府和军方也都对航空技术非常感兴趣并愿意投入。就在莱特兄弟活跃的期间，法国的航空先驱们也在不停地尝试，也相当接近成功了。大概这也是法国媒体蔑视莱特兄弟的一个原因吧。莱特兄弟把飞行者一号的飞行控制系统发表在法国航空杂志《航空爱好者》上，但没有引起法国航空界的太多注意。欧洲人还在沿着自己的思路前进，罗马尼亚工程师特赖安·武亚和丹麦发明家雅各布·埃利哈默，在1906年先后成功试飞了他们设计制造的飞机，不同于莱特兄弟的飞行者一号上下各有一对机翼，他们的飞机只有一对位于飞行员上方的机翼。这样的结构相对简单，但机翼总面积小，在相同速度下制造的升力小于双翼飞机。他们的作品虽然也成功试飞了，但飞行控制系统等方面的完成度还是不如飞行者一号，所以也没有表现出强于后者的性能。

下一个推动法国航空技术发展的是个巴西人——亚伯托·桑托斯·杜蒙。他远渡重洋从巴西来到法国，刚一到就被热气球吸引了。虽然杜蒙家境优渥，但还是承担不起热气球飞行的高昂成本。他在巴黎学习了大量物理学、化学、机械和电学的知识，还买了自己的第一辆汽车，后来又换了一辆更运动的款式，我猜他在自己的汽车上也进行了很多的"工程学实践"（就像最近买了辆老二手日本车的我一样）。

亚伯托在乘坐热气球以后，还自己设计和制造了改进款产品，这种细长形的热气球，具有更好的操控性，其实已经接近软壳飞艇了。后来，他又设计制造了多个飞艇，还因此得过奖，在欧洲航空界成为炙手可热的红人。在忙于自己的热气球（飞艇）事业的同时，亚伯托也注意到了飞机技术的快速发展，马上机敏地把精力转到了飞机上。没过多久，他就完成了第一架飞机的设计，并且驾驶着这架鸭翼布局的14-bis型飞机，在1906年的巴黎进行了公开飞行。没多久，亚伯托又继续改进他的飞机，在机翼两侧增加了副翼，以此

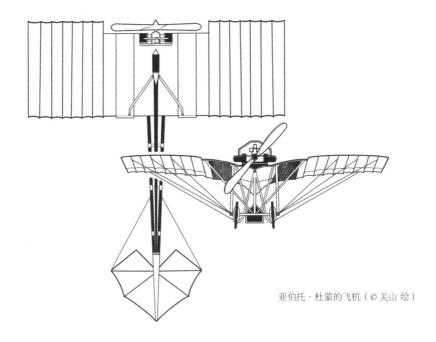

亚伯托·杜蒙的飞机（© 关山 绘）

增加飞机的滚转稳定性。亚伯托的单翼设计渐渐成型，并给他的最终设计方案取名为 Demoiselle（法语的"少女"），并进行量产。"少女"也成为人类历史上第一个投入量产的飞机型号，性能非常优秀。这架自重只有 100 多千克的飞机，搭载一台 40 马力的发动机，飞行时速可达到 120 千米，而且能在 15 天内被生产出来。但不幸的是，亚伯托在 1910 年驾驶一架"少女"时发生事故，一病不起，再也没开过飞机。

　　飞行者一号的成功，提醒了欧洲人**滚转稳定性和滚转控制**的重要性，也指出了飞行转向应该像鸟类和自行车那样操作。亚伯托在

"少女"的改进中，甚至直接采用了莱特兄弟的翘曲机翼。不过，也有人选择了其他方案，比如赛车手亨利·法尔曼就给自己驾驶的沃辛(Voisin)双翼飞机加装了副翼。而这架沃辛双翼飞机的制造者——加布里埃尔·沃辛名气就更大了，他在1905年首飞了人类第一架水上飞机，或曰"水上滑翔机"。他在一架未装发动机的飞机下面省去了轮式起落架，改成两个浮筒，这样飞机就能浮在水面上。沃辛的水上滑翔机自身不产生动力，是由一艘摩托艇拖拽起飞的。这又给航空界打开了一个新思路。因为那个年代还没有什么正经机场，找一片平静的水面，比找块平整的土地容易得多。如果要做航空运输，从A地到B地，如果B地没有合适起降的平整土地，让水上飞机直接在水面上起降明显便方多了。

美国有家叫"贝诺斯特飞机"（Benoist Aircraft）的制造商就生产过这种飞机，但是他们与沃辛的水上飞机采用了稍微不同的设计。这款Benoist XIV型飞机，没有装浮筒，而是把不带起落架的飞机装在了一艘平底船上，在机翼两侧装了两个很小的浮筒，维持飞机在水面上不至倾覆。上下双翼之间装了一台75马力的发动机带动螺旋桨来驱动飞机。就在航空技术日新月异的同时，人们对航空技术的应用开始各种探索，既然飞艇可以载客旅行，飞机当然也可以了！

人类驾驶飞机进行第一次商业飞行是在美国佛罗里达州，那里的圣彼得斯堡和坦帕这两个城市被宽阔的坦帕湾隔开，如果坐汽车绕过海湾需要一整天，如果坐火车也要大半天。两地的直线距离不远，但是陆路交通非常不便。因为它们都挨着坦帕湾，给水上飞机提供便利的起降条件，而且，如果水上飞机在飞行过程中遇到机械故障，

Benoist XIV 水上飞机（© 关山 绘）

也可以随时降落在水面上。用水上飞机进行航空运输，条件简直完美；
而且，飞过去只要 23 分钟，相比当时其他的交通工具，这简直就是
时光机。几个佛罗里达当地的商人看到了水上飞机的能耐，嗅到了
商机，在莱特兄弟首飞 10 周年的 1913 年 12 月 17 日，与贝诺斯特
公司签订了合同，提供每日两班圣彼得斯堡和坦帕之间的往返航班。
1914 年 1 月 1 日，年轻的飞行员托尼·亚努斯驾驶着 Benoist XIV
型飞机从圣彼得斯堡出发，民航业就此诞生，Benoist XIV 也就成了
人类历史上第一款民航客机。在 90 天的合约期结束后，这条航线甚
至还继续维持了一段时间，一直到 1914 年 5 月 5 日才停航。在这段
时间里，172 个商业航班共飞行了超过 7 000 英里，运送了 1 205 名
幸运的乘客。Benoist XIV 型飞机的制造者托马斯·贝诺斯特看到这
条航线的成功后，激动地评论道："总有一天，人类会坐着民航客机
飞越大洋，就像坐蒸汽机邮轮那样。"

　　飞机的军事应用潜力比商业应用潜力更加吸引人，所以飞机早
在被发明之前就被军方盯上了。在美国南北战争中，简单的载人气

球都可以成功，要是能自由飞行，那会带来多大的战术和战略优势，简直不敢想象。1911年，血气方刚的意大利王国和衰老的奥斯曼帝国开战，奥斯曼人在北非利比亚的驻军和军事基地成为意大利的打击目标。意大利领先全世界地派出飞机进行作战，飞机能以相当高的速度飞越大片地区，比载人气球更加出色地完成了侦察和炮火引导任务。此外，意大利还派飞机执行了轰炸任务，从西西里起飞的意大利飞机飞越地中海，再精准地把炸弹扔到敌人最脆弱的部位，简直是战争利器。不再需要投入巨大成本将战争物资堆积在前线，然后通过火炮投射到敌方阵地，飞机一出场，就完全改变了战争形势，几十年来关注航空技术的军方美梦成真。很快，这场战争就以意大利王国的胜利告终，没有再给飞机更多的改进机会。而且，在这场战争中，由于奥斯曼帝国没有空军力量，所以也没能出现"空对空"作战的场面。而这一年，距离莱特兄弟首次试飞飞行者一号还不到10年。

到这时，欧美众多飞机型号百花齐放，各种稀奇古怪的布局结构，或成功，或失败，从它们的表现中，人们逐渐摸清了飞行到底是怎么回事。每年出厂的新飞机，飞行性能肉眼可见地越来越好。当然，这其中有一个重要原因——随着工业发展，人造发动机越来越高效和强劲，更大的发动机功率可以很直接地提升飞机的机动性。但是制造飞机的基础材料还是轻质木材和帆布；而飞行员坐的地方，与其说是驾驶舱，倒不如说是一个装在机身上的"座位"。飞机上所用的仪表更是非常原始。第一个穿越英吉利海峡的飞行员布雷里奥当时驾驶的那架飞机上只有一个仪表——机油压力表，还不如当时的汽车仪表齐全。但是，更先进飞机所需要的技术和设备，已经被当时的重工业准备好了，只差把这些新技术都转用到飞机上，而这个机会就在眼前——第一次世界大战在欧洲爆发了。

下面几节，我想通过一战到二战时期的飞机，讲解一下飞行控制、飞行稳定性，早期由螺旋桨与内燃机驱动的飞机是如何发展的，以及机身材料、加压客舱等关于飞机的重要常识。

一战中的鸽式单翼机

在一战的初期，所有参战国家的航空部队统统隶属于陆军，飞机作为侦察力量，可以以更快的速度观察更广的空间，还能在天上拍摄敌军的照片，侦察能力与传统骑兵不可同日而语。

法国在欧洲大陆最早开始发展航空技术，也是最重视航空技术的国家，他们制造的飞机和配套发动机性能最为优秀，协约国普遍依赖法国制造的飞机，甚至包括美国。而同盟国肯定不会用敌国法国的飞机，而且对德国来说，由于齐柏林飞艇的强大和成功，其军方对飞机的重视程度和投入都还不够，战争初期就没有几架正经军用飞机。比如，Aviatik-B 型双翼飞机是德国人用法国竞速飞机改装的。多功能单翼飞机"鸽式"就更普通了，是奥匈帝国用滑翔机改装以后授权给德国生产的。这种飞机跟大多数一战飞机最大的不同，就是只有一对机翼，毕竟是从滑翔机改装而来的。由于翼展更大，它的飞行稳定性更高，同时也造成转动惯量大，在做滚转动作时，不如双翼飞机和三翼飞机灵活。而且鸽式的机翼上没有任何可

鸽式单翼机（© 维基 / 公版）

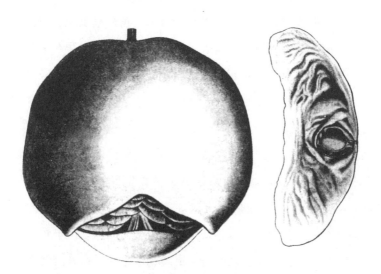

翅葫芦和它的种子（© 理查德·韦特斯坦 绘 / 公版，1924）

如何离开地球表面

以作动的舵面，滚转动作就像飞行者一号那样，只能通过机翼翘曲实现。从鸽式单翼机的机翼和尾翼就能看出来，设计师本就是想模仿鸽子。除了鸽子以外，这样优雅精致的机翼，技术上的灵感来自一种植物——翅葫芦的种子。

作为一种植物，翅葫芦的种子上显然没有任何骨骼肌肉和神经，但是大自然的演化偏偏赋予了它滑行的能力——它拥有天然的飞行稳定性。翅葫芦种子的重量主要集中在种子核心上，翅膀重量所占的比例很小，所以种子核心的位置，差不多就是整个种子的重心。翅膀产生的升力中心在左右翅膀之间，而它的翅膀由于是向**后掠**（先记下这个词），所以翅膀产生的升力中心，就位于重心后侧。

当飞机遇到逆风，升力增加，同时阻力也会增加，所以飞机会在爬升的同时减速。如果升力中心位于重心的后侧，增加的升力则会制造一个**扭矩**，让飞机低头，降低攻角，这样升力和阻力都会降低。而如果飞机遇到顺风，则会增加攻角，提高升力，开始爬升并降低速度。所以，飞机的**布局**会天然地让飞机在俯仰运动中保持稳定——这种性质就叫作**纵向稳定性**。当然，稳定性也不是越高越好，太高的稳定性会造成飞机难以操控，很难让飞机按照飞行员的想法作动。

这种天然稳定的现象，在日常生活中也很常见，比如，你把一个小球扔进碗里，小球不管怎么被扰动，都会最终回到碗底（如下页图）。

如果飞机的重心和升力中心重叠，那么飞机就会处于**中性态**，遇到扰动后不久会进入一个新的平衡状态，就像一个小球放在平板

小球的天然稳定性（© 作者自绘）

飞机的重心变化（© 作者自绘）

小球的天然不稳定性（© 作者自绘）

如何离开地球表面

上，遇到扰动以后，最终会停在一个新的位置。

但是，飞机的重心如果在升力中心后侧，就会进入不稳定状态，遇到所有扰动都会自然地去放大扰动，这样的飞机是人类依靠自身的力量无法操纵的。这就像把一个小球放在凸出的球面上，如果它非常完美地停在正中心倒还好，但只要一遇到扰动，在没有人为修正的情况下，一定会越滚越快，从球面上滚下来。

飞机的运动有三轴（见 44 页图），除了纵向稳定性以外，还有横向稳定性和航向稳定性。如果飞机只有一个机翼，而这个机翼在机身（也就是整个飞机）重心的上方。从正面看，可简单地看成一个重物被吊在高处，当这个重物遇到扰动时，总会回到原来的位置。而当机翼在机身下方时，就像是一个重物被托着，如果遇到扰动，就会自然地去放大这个扰动,如果不进行人为干预,最终会失控坠落。如果飞机把机翼装在机身中间，或者是上下各布置一对机翼，那飞机则保持了**纵向中性稳定**；而航向稳定性代表飞机左右转向不致偏航。如果垂直尾翼位于机身后侧，当飞机向一个方向转向时，垂直尾翼会给飞机一个扭矩，让它重新对准气流的方向。但如果垂直尾翼位于飞机前方，它就会天然地放大扰动，当然，这种奇怪的布局在主流的飞机设计上是看不到的。

这样，我们就了解了关于飞行稳定性的基本知识。接着，我们再看看莱特兄弟的飞行者一号：飞行员趴在机翼上，水平升降舵在前面，垂直尾翼在后面，升力中心和飞机重心大概是重叠的，飞行稳定性肯定不怎么样了。事实上，莱特兄弟经历了大量风筝操作和滑翔训练，才掌握了驾驶飞行者一号的技巧。而除了他们自己，还有很多其他人接受培训并驾驶过他们制作的飞机，但其中很多人都遭遇了失控坠机。

飞机发动机的发明和应用

我们继续回到一战中的飞机。德国的鸽式单翼机就是应用天然稳定性设计来制造的一款飞机，当它处于不稳定气流中，有失控的趋势时，飞行员可以什么都不管，放开手脚等待飞机自己进入稳定的飞行状态，再接着飞。

有一个故事可证明鸽式飞机的飞行稳定性：有一个机务人员在进行鸽式飞机起飞前准备的时候，不小心把发动机开到了最大功率。结果，这架没有飞行员的鸽式飞机自己起飞了，而且竟然飞出了 200 千米，燃油耗尽后自己降落在一片草坪上。这种特性对大量培训新手飞行员倒是很有帮助的。它在一战初期，确实也给德军立下了不小功劳。

那时，德国人还不认为对战双方的飞机能在天上空战，飞行员就像现代的骑士，双方飞行员如果在天上见面，甚至还会互相打招呼。但法国人有点不大一样，他们很早就意识到了空战的重要性，甚至在一战初期就开始在军用飞机上加装火炮。当然了，由于那时候飞机载重能力捉襟见肘，装在飞机上的火炮，肯定不是什么大口径的家伙。结果，德国人发现己方的飞机越来越多地有去无回，这才反应过来，空对空作战不仅是可能的，而且已经发生了，自己还落后了。这时候，德国人开始正经设计和制造军用飞机，而不是改造什么竞

如何离开地球表面

速飞机，甚至滑翔机了。

军用飞机需要更强的机身，同时也需要更轻的自重，为了在空中缠斗中占优势，还需要灵活敏捷。这首先意味着飞机需要更强的动力，战前那些"气若游丝"的飞机发动机，完全满足不了战争的需求。

就像航空技术的日新月异，应用更广的内燃机技术在这段时间里也有了长足的进步。1889 年的巴黎世界博览会上，除了刚刚点亮、震惊世界的埃菲尔铁塔，还展出了一种新奇的发动机——自行车发动机。这种拥有 5 个汽缸的发动机，曲轴不转，汽缸连在自行车后轮上做功推动自行车，而传统内燃机都是汽缸不动，曲轴旋转做功。

这就是最早的**转缸发动机**，对当时的飞机来说有着非常大的应用价值：自身旋转的汽缸，天然就会与空气产生极高的相对速度，散热效率也非常高。这样一来，通过空气冷却的发动机，就不需要外加一套水冷系统了，既省了重量，又省了空间。而且，就算是空气冷却，因为效率高，所以汽缸上的散热片可以做得更小、更轻。在一战中，这种怪异的发动机就十分受欢迎，有不少应用机会。其中最强大的一款，就是英国宾利公司制造的 BR-2，9 个汽缸可以制造 250 马力，对比一下 13 年前领先于时代的飞行者一号发动机，以其 82 千克的自重，只能制造 12 马力。

但是，这种发动机也有一些劣势：首先是旋转的重量太大，当时的大部分飞机都只配置一台发动机和一个螺旋桨，这种大旋转重量的转缸发动机，进动效果非常显著，会干扰飞行员的操纵。其次是油耗非常高,会限制飞机的航程,当飞行员需要降低发动机功率时,

装在自行车上的转缸发动机（© 吉拉德·戴亚冯德 摄 / 公版）

汽缸并没有节流阀用来控制燃油空气的混合气量，只能关掉一部分汽缸，在维持发动机运转的同时降低动力输出。而扁平的转缸发动机，虽有较高的空气冷却效率，很短的曲轴也不太容易出现强度问题。然而，飞机头部安一个扁平的发动机，会非常影响整个飞机的空气动力学，制造很大的阻力。

　　除了这些，这种发动机还有一个令人尴尬的缺陷——由于其自身结构限制，最适合的润滑方式是让润滑油与燃油、空气相混合，被吸入燃烧室，就像二冲程发动机那样。但是当时的润滑油远没有今天这么精炼。当时最常用的是蓖麻油，所以飞行员在开这种飞机的时候会不可避免地吸入一些蓖麻油，然后，众所周知这东西会导致腹泻。所以，腹泻在那个年代是飞行员中常见的职业病，混合着蓖麻油和汽油的发动机尾气，常常会糊得飞行员一身一脸。每个行业都有外人难以理解的辛酸。

除了转缸发动机，一战中还能看到很多其他航空发动机，比如星形发动机，这种发动机汽缸不转，而是曲轴旋转带动螺旋桨，它们就像转缸发动机一样，具有很大的受风面积，也有较好的空气散热率，虽然汽缸不旋转，较短的曲轴也便于制造。另外，还有大型的水冷直列发动机或者 V 型发动机，这些发动机的多个汽缸一般摆成一排或两排，通过曲轴驱动螺旋桨。由于它们特殊的排列方式，使得每个汽缸能受的风不一样，所以无法依靠空气冷却，必须依靠水冷；不过也是由于它们细长的排列方式，受风面积小，飞行阻力也就相应降低了。

从某种程度上说，飞机的历史就是动力的历史，发动机就是现代飞行器的心脏。

飞机结构与机身材料

有了更强的动力，飞机还必须有更强的机身，以前的木头和帆布，显然承受不了大型转缸发动机的澎湃动力，以及空中缠斗时的激烈动作。航空工程师们很快便改用金属制造飞机。从莱特兄弟到一战之前，飞机还主要都是**构架式结构**，也就是在一个木头（或金属）架子上套一个帆布蒙皮。飞机的所有受力，都是由飞机的木梁承受的，蒙皮不为机身和机翼提供任何结构强度，而只是维持一个空气动力学的外形。航空工程师最初是用强度更高的金属来代替一部分木梁，给机身更大的强度，比如德国鸽式单翼机的改进版。但是，"以钢代木"的改造思路很快就过时了，新的材料也要匹配更新的设计。

先迈出这一步的又是德国人——雨果·容克斯，他生于德国西部的纺织厂主家庭，毕业于柏林工业大学机械工程专业，后又回到德国西部继续深造。从亚琛工业大学毕业以后，他选择了留校任教，如今亚琛工大的喷气推进与航空发动机学院就是由他创建的。就在亚琛，他认识了同事汉斯·莱斯纳，被后者介绍进入航空业。两人自合作之初就选择了单翼飞机这条路，而且，为了实现足够的机身强度，必须采用**全金属机身**。金属的隔框和桁架，不仅强度比木头好得多，而且金属蒙皮可以传递剪切力（又称剪力，剪力越大，材料越容易被剪切破坏），还具有比涂蜡帆布更好的表面光滑度。在付出努力并经历了几次失败以后，1915 年，世界上第一架成功飞行的全金属飞机——容克斯 J-1 从机库中缓缓滑出。这架飞机，即使是对航空技术毫无了解的人都能看出，它好像确实比同时代的飞机先进一些，外形格外简洁，没有复杂的支撑结构。

J-1 上首次采用了**悬臂式机翼**，机翼所受的力都以剪力和弯矩的形式传递给机身。如果大家对航空技术有一些了解，还能看出 J-1 的机翼从内到外机翼截面形状有一些变化，不像其他飞机垂直尾翼上固定了方向舵。J-1 的垂直尾翼是**全动式**的，没有固定的舵面，这样的设计，可以提供更大的偏航力矩。

作为一架技术验证飞机，J-1 并没有采用什么特殊的航空金属，而是选用了变压器中常见的硅钢。这种选材引得很多业内同行笑话——这么笨重的机身，怎么可能飞得起来？然而 J-1 的首飞很成功，究其原因，是一句航空业内的俗话"只要推力大，板砖也能飞"（简称"力大砖飞"）。得益于德国强大的工业实力，容克斯可以在市

全金属机身的容克斯 J-1（© 维基 / 公版）

面上轻松选择强大的航空发动机，J-1 搭载的梅赛德斯 D Ⅱ型直列六缸液冷发动机，可以制造 120 马力，足以推动净重 920 千克的机身。更何况，拥有优秀气动外形的 J-1，也不是块笨砖头，最快能达到 170 千米 / 小时的速度，这在同时代飞机中也是很优秀的了。第一架全金属技术验证机成功试飞，容克斯的第二架飞机又采用了当时最先进的硬铝材料，这种材料更适合航空业，齐柏林飞艇艇身也选择了它。

　　一战中的德国开启了战略轰炸思路，除了用齐柏林飞艇以外，同时也尝试用飞机进行远程轰炸，直击敌国工业核心和基础设施，试图瘫痪敌国。为了实现有效的远程轰炸策略，这种飞机需要很大的油箱，能携带足够的燃油与可观的载弹量，这两个需求缺一不可。而这些需求都对飞机的起飞重量和体型提出了挑战。德国为作战飞机专门设计了一个 R 系（Riesenflugzeug）的称呼，德语意为"巨人机"。以当时的标准来看，这些 R 系飞机实属飞机中的巨人。在众多 R 系飞机中，只有一个型号最终进入量产阶段并正式服役。而这种跟齐柏林飞艇抢生意的巨人机，正是齐柏林公司自己生产的齐柏林－斯塔肯 R-VI 轰炸机（以下简称 R-6）。R-6 由 4 台梅赛德斯 D-1Va 直列六缸液冷发动机驱动，每台可以输出 260 马力，飞机左右各有一个发动机舱，每个发动机舱中有两台发动机，共同通过一根轴来驱动螺旋桨。然后，每个发动机舱里还得坐一个工程师，发动机出了什么情况就随时得上去修，不仅要忍受尾气、噪声、废热，还得随时有可能被运转的发动机弄伤或被敌方战斗机击中。相比于转缸发动机飞行员的工作，R-6 的发动机舱工程师的工作环境似乎艰苦多了。

接近 11 吨起飞重量的 R-6，可以额外携带 2.5 吨的载荷，在天上不停地飞 7~10 个小时。它的翼展长度（42.2 米），甚至超过了飞行者一号的首飞距离（36.5 米）。巨大的体型，意味着巨大的控制舵面，通过它们操作巨大的飞机，飞行员都要有膀子力气。再加上动辄数个小时的飞行时间，也许飞行员还勉强能支撑，但是假如飞机更大、滞空时间更长，就必然难以为继。航空工程师也意识到，要为飞机操纵系统增加助力和自动驾驶系统。液压助力的操纵系统，在后来的大型飞机中被工程师实现了，**自动驾驶系统**如今也成为所有民航飞机的标配。

R-6 的全封闭式驾驶舱在当时也是比较罕见和先进的设计，这样不光能给机内成员一个更舒适和安静的工作环境，而且可以为飞机提供更光滑、更流线形的外形，降低飞行阻力。另外，如果不用在机身上为驾驶舱开个大洞，那么机身的强度也能做得更好。R 系巨人机达到了如此高的飞行高度，这使得传统的内燃机就显得力不

巨人机 R-6（© 维基 / 公版）

从心了。发动机的每次循环，都只能吸入相同体积的空气，而高度越高，空气就越稀薄，发动机吸进去的每一口空气也就在减少，通过燃烧做功产生的动力也就更低——发动机也有高原反应啊！为了解决这个问题，德国人在 R 系飞机上测试了**机械增压器**，发动机输出的一部分功率被用以驱动一个**压气机**（compressor），它对环境空气进行压缩，提高压力和密度，空气被加压后，再被注入发动机，这样就解决了高空空气稀薄、发动机动力下降的问题。但是，当时这些技术和设计还不成熟，没有进入量产阶段。

一战中的飞机，常常需要飞越数百千米的敌占区领土，而飞行员训练严重不足，甚至只训练四五个小时，就开着飞机上战场了（我现在在航校学习私人飞行执照，都要求至少训练飞行 45 个小时才有资格参加飞行实践考试）。当时，虽然已经有一些简易的无线电导航设备装在飞机上，但是飞行员导航，还主要是靠肉眼，迷路当然是家常便饭。为了找到回基地的路，飞行员有时要降落到地面，问一句"老乡，法国怎么走啊？"再飞走。或者沿着铁路超低空飞行，凑到火车站前面看看站牌，才知道自己在哪儿。还有飞机的起落架，都是通过架子固定几个轮子在机身外面，不仅在飞行中会制造很大的空气阻力，而且还不是很可靠。

我曾在英国伦敦科学博物馆参观，解说员告诉我：在一战中，一个好的降落标准是飞行员还活着；一个绝妙的降落标准是这架飞机以后还能继续飞。这个说法当然有些夸张，但是一战时期的飞机上缺乏吸收冲击结构的起落架，也确实有很大的改进空间。1918年，第一次世界大战结束，航空业在这几年时间里经历了不可思议的极速进化，飞机也证明了自身的价值。在接下来的岁月里，飞机会进化得更快，这些有待优化的技术，很快会得到全面升级。

第一款民航专用机

战争推动了各个领域科技的快速发展，这些都成为航空技术爆发式进步的基础。一战结束后的十几年里，一架架先进的飞机争相离地，应用在飞机上的新技术让人眼花缭乱。在这段时间，飞机的尺寸、速度和航程，每一天都在刷新人的认知。复杂的驾驶舱仪表板，可以让飞行员对飞行状态有更好的把握，不再是仅仅依靠一个简单的发动机转数表了。

一战推动了航空科技，也为飞机制造提供了巨大的需求，很多小的飞机厂家在短短几年成长起来，美国的波音公司就是其中之一。波音在一战中通过为美国海军制造C型水上教练机而确立了行业地位。但是战争结束后，军用飞机的需求量变得非常低，飞机制造商

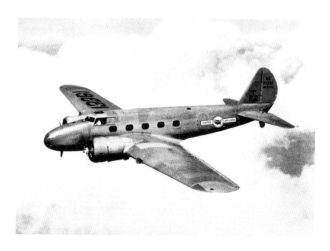

专用民航机鼻祖——波音 247（© 维基 / 公版）

纷纷尝试改造自己的军用型号以投入民航业，但效果并不理想，因为军用飞机对于性能的需求非常刚性，对成本和寿命则比较宽容。而民航对成本极其敏感，成本上的毫厘之差，对一家航空公司而言可能就是"生死之别"。

1933 年，波音认真地设计了一架专用的民航飞机——波音 247，这款飞机应用了当时最先进的航空技术：下单翼布局，左右机翼上各配置一台普惠公司出产的 557 马力的星形发动机，全金属机身，还装配了各种先进的仪表。巡航速度最高 304 千米 / 小时，航程最远 1 200 千米，都极其优秀。作为一款民用飞机，它的性能指标已经比几年前人类不惜代价制造的远程轰炸机上了好几个台阶。

可以搭载 10 名乘客的波音 247，最高可攀升至 7 000 米高度，但是它的巡航高度只有 3 000 米。有的人会说，飞得高好像也没啥用，降落时不还是得从上面降下来吗？

其实不然，飞行高度非常重要，高空中空气稀薄阻力低，而且温度低；对于内燃机来说进气温度低，是可以提高热机效率的（这也是一些很热的地区对飞机载重有严格限制的一个原因，比如美国亚利桑那州和阿联酋迪拜）。飞机需要在高空巡航，还有一个重要原因是，在高空中的平流层，气流非常稳定，飞行员节省精力，乘客也舒服，而且还能躲过低空中复杂的天气状况，而天气多变是相当多飞机失事的原因。

那么，为什么波音247不能像今天的客机一样巡航到万米高度呢？

其中有两个主要原因。第一，高空的空气稀薄，活塞式发动机的输出功率会急剧下降，想解决这个问题就要对动力系统进行彻底的改造，这种激进而且不够成熟的工程方案，并不适合民航客机。第二，人类通过肺部呼吸，对于氧气的分压很敏感，随着飞行高度上升，气压下降，氧气分压也就随着一起下降，人体无法承受过低的氧气分压，其实有点儿类似高原反应，但是飞机会更快地达到一定高度，没有给人体适应这种"高原反应"时间，反应会更加剧烈。

波音247不是一款完美的飞机，没有解决这些工程上的问题，但它确实也是出色的工程学作品，一经推出立刻供不应求，美联航大量采购，波音的其他重要客户都必须等美联的247订单交付后，才能拿到自己的飞机，到那时航空市场可能已经被美联航抢占得差不多了。于是，美联航的对手跨大陆及西部航空（缩写为TWA）决定另辟蹊径，跟前者展开竞争，他们找到了麦克唐纳-道格拉斯公司（McDonnell-Douglas Corporation，以下简称麦道）。

根据客户的需求，麦道并没有直接复制波音247，而是在其优秀的基础上，做出了更有野心的设计，不仅航程可达到1 600千米，还能搭载12名乘客。他们最大的野心体现在与波音采用了一样的双发动机设计。而双发设计是TWA最不愿看到的，因为就在他们找到麦道之前不久，刚有一架飞机坠毁了，由于其中一个遇难乘客是名人，导致这家航空公司也臭名远播。他们不愿再因为失事坠机而登上报纸了。当时的双发飞机，由于空气动力学布局与发动机动力等，在损失一架发动机后几乎没有生还的可能。人们之所以制造出三发飞机，是因为需要一台发动机作为备用。这一思路，其实束缚了航空制造业很多年，直到半个世纪后才获得解放，但这就是很后面的故事了。

后掠翼与加压客舱

TWA丝毫不愿买账，但也退了一步。假如麦道的产品可以实现他们承诺的性能，那用双发也没问题。因为假如他们不能证明，那开发和生产成本就落在麦道自己头上。毫无疑问，这么大的项目产生的成本，假如被他们自己吃下，结局肯定是破产。面对这么大的工程风险，麦道最终做出了和莱特兄弟同样的决定——通过风洞实验室来完善设计，只不过，这次不是自行车铺拼凑的风洞，而是加州理工大学的大型风洞。在前期的研究中，麦道的工程师意识到，自己的设计有很大的不稳定缺陷，而解决办法是将机翼改为略微后掠，将升力中心向后移——这个方案有些似曾相识，像不像一战中德国模仿翅葫芦种子做出的鸽式单翼机？

后掠机翼（Swept wing）是一个划时代的设计，它不仅可以改善升力中心，而且还能提升飞机的航速。麦道设计的飞机，比波音247 的尺寸大、重量大、航程远而且速度快。这些性能要求加起来，就会导致一个结果：飞机的起飞降落速度过高。前面我们介绍过，克服更大的重力需要更大的升力，而更大的升力就要求更高的航速、更大的机翼或更高的升力系数。而提高升力系数和增大机翼，两者都会导致飞机的飞行阻力更大，即航程和航速下降。似乎这些要求都是相互矛盾的，找不到一个合理的解决方案。总不能为了麦道的新飞机让全美所有的城市都修建新的机场吧？

麦道提出了一个可说是开创性的方案：将飞机的后缘做成可变形的，需要飞得快的时候就缩回来，变成一个光滑的机翼，升力系数低但阻力也更低；在起降阶段，需要足够的低速飞行能力时就把后缘伸出去，得到更大的机翼面积和更高的升力系数，虽然阻力大，但只限于起降阶段，无伤大雅。麦道还让飞机起落架在起飞后能收回来，进一步降低了飞行阻力，但起落架也不是完全回收，这种设计，可以保证在起落架无法放出的情况下安全降落，不至于让发动机直接砸在地上，或者使机翼撕裂。

将这些优秀的设计集于一身的麦道 DC-2 客机一上市，便广受民航业追捧，让本来非常先进的波音 247 一下子就成了过时型号，产量止步于 75 架。麦道在 DC-2 项目中获得了巨大商业成功，但故事到此并没有结束。麦道在本就很优秀的 DC-2 上又进行了开创性

如何离开地球表面

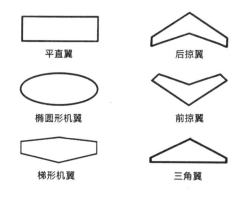

平直翼　　　　　　后掠翼

椭圆形机翼　　　　前掠翼

梯形机翼　　　　　三角翼

常见机翼形态（© 作者自绘）

的改造，把本来偏方形的机身截面形状改为圆形，这样可以让机身受力更加均匀地分布在整个截面上，就像鸡蛋壳，虽然很薄，但我们依然很难徒手捏碎鸡蛋。这样的机身设计，既增加了强度、减轻了重量，还能降低空气阻力，一举多得！

一架完美的民航客机就这么诞生了，这款源自 DC-2 的 DC-3，油耗只增加了 3%，而载客量从 14 名暴增到 21~32 名。DC-3 客机的问世，让其他所有民用飞机都黯然失色，距世界上第一个商业航班开通 21 年后，民航业终于算是站稳脚跟了。即使票价再高昂，民航业从来没有真正实现过盈利，而且高昂的票价也无法让公众享受飞行的便利。优秀的 DC-3 飞机，不仅成了麦道的摇钱树，麦道让航空公司也能赚到钱，还让更多的民众享受了飞行的乐趣。DC-3 最终生产 600 多架，而它的军用版"双胞胎" C-47 的产量甚至达到惊人的 10 174 架！而且，在二战结束后，巨量退役的廉价 C-47 和它们的飞行员，转而进入商业飞行，民航业就此步入黄金时代。今天，

麦道 DC-3 客机（© 维基／公版）

我们依旧可以看到一些 DC-3 的"老爷机"，不仅没退休，甚至还在进行营利商业飞行，真是令人感动（也有点儿担心）。

然而，先进的 DC-3 并没有解决**客舱气压**的问题，依旧无法在高空飞行，只能被迫在 3 000 米的低空躲着天气走，还得忍受气流的颠簸。就在 DC-3 首飞几年后，老对手波音也拿出了更大、更强、更先进的机型——波音 307。装备了 4 台发动机的波音 307，从根本上解决了机内气压问题，因为它配备了加压**客舱**，即外界稀薄的空气被发动机压缩后变成高压空气，降温、除湿、调温，变成适合人体的空气注入客舱（现在的客机，还会进行空气的过滤、干燥，所以就算有细菌和病毒也被过滤了）。

尽管 307 可以在超过 7 000 米的高空中巡航，但乘客在客舱中的实际感受只有 3 000 米高度。虽然它的最终产量只有 10 架，但它的加压客舱技术，也成了后来民航飞机客舱的标配。

加压客舱，这个设计对飞机机身来说还提出了另一个挑战：此前飞机客舱中的窗户，大多是方形的，和陆地建筑一样，也能带给乘客更好的视野；对于非加压客舱来说，也没有什么非常致命的问题。但是，加压客舱每次起飞爬升时要加压，下降时又要减压，每趟飞行都是一次循环。如果把客舱比喻成气球，每次起降都要吹气、放气一次，经过多次循环，机身一定会发生金属疲劳循环，带来安全隐患，尤其是方形窗户的直角边，更容易变形，只不过那时的工程师还没有对这个问题产生足够的认识。

二战飞机与涡轮喷气

就在波音 307 首飞完几个月的时候，航空制造业突然再次迎来了海量订单，因为第二次世界大战爆发了。在一战中，人类认识到了飞机的威力，所以在二战中没有一个国家再敢轻视飞机的作用，人类对空气动力学的理解再上一级台阶——以今天的视角来看，很多二战的飞机都开始具备非常漂亮酷炫的外形。比如，耗尽英国飞机 100 年颜值余额的"喷火式"战斗机（Spitfire），它的机翼从靠近机身的一侧向外越来越窄，所以升力在整个机翼上分布并不均匀，越向外越少；而整个升力分布呈椭圆形，这样设计有一个好处，就是能降低飞行阻力。

由于机翼下方比上方压力大，在翼尖位置，下侧的高压空气可

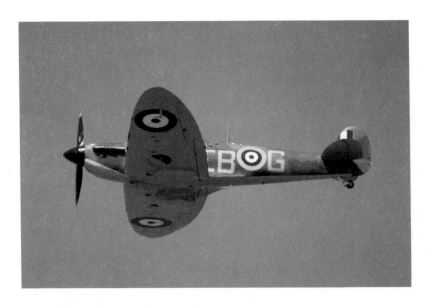

英国"喷火式"战斗机（©pixabay/ 公版）

以直接跑到上侧来，所以在飞机降落时，轮胎触地擦出的白烟，会
由下而上卷成一个"旋涡"，这就是这种效应的一个表现。这会造成
机翼的有效攻角下降，增加诱导阻力；而椭圆形的升力分布，则可
以降低翼尖处产生的诱导阻力。虽然这种机翼的加工比较困难，但
空气动力学性能却很优秀，而且能赋予飞机一个优雅的外观。

　　诱导阻力，只是飞机在飞行中制造阻力的其中一部分，而总飞
行阻力中有约 20% 属于**摩擦阻力**，针对这部分阻力，二战时工程师
已经在飞机上用上了层流机翼。因为空气在机翼吸面被加速，很快
就达到了形成紊流的速度，这会使摩擦阻力骤增；因为紊流里面的
气体在"画着圈"地跑，对翼面产生的摩擦更多。而层流翼型的设
计目标，就是让紊流产生得更晚、更靠后，甚至彻底被消除掉。层

如何离开地球表面

流机翼通过几何形状（同时还有更好的机翼表面光洁度）来抑制紊流的产生，跟传统的"上弯下平"的翼型相比，它的上下两面都是弯曲的，而且翼面的最大厚度出现在大概中间的位置（而传统翼型的最大厚度点更靠前），让气流在更大的距离上保持层流。虽然层流翼无法直接提升飞机的颜值，但是通过它降低阻力，可以提高飞行速度和航程。比如，英国空军的"海怒"战斗机和美国空军的 P-51"野马"战斗机，都采用了这种设计。

在二战期间，还出现了一种从未出现过的壮观战争景象——**航母海战**。航空母舰，其实就是一个海上机场或者海上空军基地，可以装载、起降和修理作战飞机。一旦有了这种战争利器，从理论上说，整个大洋都可以变成己方的空军基地。设计、制造航空母舰的代价十分昂贵，它配套的舰载机也一样不是简单的工程学作品。受到水流、风向和母舰航向影响的舰载机降落固然十分困难，但我觉得更困难的是，当舰载机离开母舰时，面对茫茫大海，飞行员怎么找到回家的路？就算找到了，但母舰一直在移动啊，作战时甚至还会不停地转向来躲避敌军，这可怎么办呢？

面对这个困难，当时的舰载机飞行员的解决方案是：1 块手表、1 张地图和 1 支铅笔。他们在飞行中记录飞行速度和航向，计时后标在地图上，得出自己的大致位置，再根据离开母舰的时间计算出母舰位置，返航时也是这样操作——想想就知道，这办法极度不可靠，要是刚刚脱离空战，精神过于紧张，导致算错了的话，可能就要去喂鱼。于是，二战时航母和舰载机上装备了十分简陋的导航系统：航母发出一个无线电信号，飞行员通过这个信号找到信号源（母舰的方向），只是不知道是面向还是背向目标，所以，当时发生过舰载机降落到敌军航母上的乌龙事件。但是，无线电导航的方向确立方案，被工程师在日后逐渐完善。如今通过 VOR 导航系统（全称是 VHF Omni-directional Range，即甚高频全向信标），飞机不仅能知道自己是面向还是背向信标，甚至还能知道自己相对于信标的方位。具体做法是，VOR 信标会像灯塔的光一样不停旋转，当它旋转到正北方时会再向周围 360 度发送一个信号，所以通过计算这两个信号的时间差，飞行员就知道自己在信标的哪个方位了。

航空技术在第二次世界大战中再次迎来爆发式发展，我们从航空动力角度看其发展速度最为直观。还记得莱特兄弟飞行者一号装备的那台 12 马力发动机吗？

在二战末期，美国普惠公司（Pratt&Whitney，不是做电脑的惠普）的 R-4360 发动机，单台便可以输出 4 300 马力；自重 1700 千克，甚至比一战时的一架侦察机都要重。而且它还装备着机械增压或更加先进的涡轮增压系统，将高空稀薄的空气加压后注入燃烧室。相比于机械增压要靠发动机输出轴来驱动，涡轮增压则是利用发动机的高热尾气。含有大量能量的废气推动涡轮旋转，与涡轮同轴的压气机，便可以对空气进行做功压缩，这个结构在今天的汽车发动机上已经屡见不鲜了。

R-4360 发动机的动力虽然强大，但也暴露出了很多问题。它一共有 28 个汽缸，55 升排量，相当于 4 台 7 缸的星形发动机堆叠在一起。每个汽缸所需要搭配的点火、配气、润滑等系统，导致整个系统复杂性超高。而且，受到前面汽缸产生热量的影响，后面汽缸的散热

　　　　　　　　　　　　如何离开地球表面

VOR 导航系统的地面台，就像一座扁平状的灯塔（©Hans-Peter Scholz 摄 / 公版）

率明显更差，这些都造成了它的性能和可靠性的天然瓶颈。以人类的科技，也许还能造出更强大的活塞式航空发动机，但靠着一股脑儿堆砌汽缸，怎么想也不是优雅的解决方案。

另外，伴随着飞行速度的提升，螺旋桨的推进效率明显下降。以英国的喷火式战斗机为例，在巡航时，它的螺旋桨的推进效率约为 70%。而装备了 1 500 马力的梅林发动机的喷火式，极速可达到 595 千米 / 小时，但是，如果想还达到更快的 644 千米 / 小时，发动机功率就需要一下提升到 4 000 马力！所以，如果想飞得更高、更快、更强，一定要通过更优雅的动力方案来驱动飞机。

回顾一下历史，早在 1910 年，罗马尼亚人安利·康达尔就提出了"喷气式飞机"的概念，但是被时代所限，这个概念还没有多少工程学实践意义。直到人类科技水平在一战时大幅提升，这才开始有人尝试利用喷气动力来驱动飞机。而直到 20 世纪 30 年代，人们才意识到了喷气推进飞行的出路，这正是**涡轮喷气式发动机**（以下简称涡喷）。

这种发动机有着各种不同的构型，但不管是哪一种，它们的基本原理都是一样的。前面我们介绍过四冲程发动机的原理，涡轮喷气式发动机的原理也有些类似，只是，它将吸气、压缩、燃烧（做功）和排气 4 个冲程安排在了发动机的不同区域里。

由进气口吸入的空气在压气机中被压缩；然后压缩空气注入燃烧室参与燃烧；高温高压的燃气从燃烧室排出来推动涡轮做功，而涡轮制造的轴功率又会推动压气机；最后，从涡轮出来的废气，再从发动机尾部喷出形成推力。

当时有两个人——英国人弗兰克·惠特尔和德国人汉斯·冯·奥海恩——分别独立设计出涡轮喷气式发动机。惠特尔的发动机设计，用的是**离心式压气机**，对空气进行压缩，这种设计的好处是只需要一个压气机轮盘，制造简单，便于量产，在工作状况（工况）下也很稳定。但缺点是整个发动机的直径较大，这必然导致飞机的迎风面积较大，不利于高速飞行。而且，离心式压气机的效率不如轴流式。德国人用的正是**轴流式压气机**，即风的流向和叶片的轴平行，比如电风扇、空调外机风扇，就是以轴流方式运行的。

德国人率先在二战中将涡喷的概念转化为真正的产品，而且不

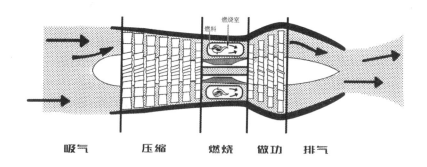

吸气　　　压缩　　　燃烧　做功　　排气

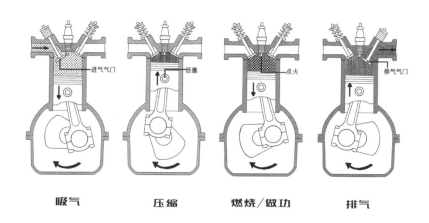

吸气　　　　　压缩　　　　燃烧／做功　　　　排气

涡喷发动机原理对应的内燃机四冲程（© 关山 绘）

止生产了一个型号。

在我的母校亚琛工业大学，由雨果·容克斯创立的喷气推进与航空发动机学院实验室内，陈列了多台航空发动机，其中就包括德国在二战中量产的两个涡喷发动机型号——宝马 BMW 003 和容克斯 Jumo 004。我也有幸见过这两个现在相当罕见的历史发动机型号，其中 Jumo 004 的各方面性能都更为优秀。

在涡喷发动机里，空气被一个"唇部"圆润的进气口吸入压气机。转动的压气机叶片，对空气进行压缩做功，但也同时会导致空气的自旋（发动机涡轮的叶片分为静子叶片和转子叶片）。这时空气会经过一级静子叶片来消除自旋，紧接着被下一级转子叶片做功压缩，如此循环，直到来到压气机的尾部。然后，高压的空气进入燃烧室，被注入燃料燃烧，高热的燃气从燃烧室喷出，推动涡轮做功，涡轮再驱动同轴的压气机。这里有一个非常大的难题，就是涡轮叶片要承受刚从燃烧室出来的高温高压燃气的冲刷，同时还肩负着制造极高功率的任务。而动辄就要上万甚至几万的转数，还让每一个涡轮叶片承受着巨大的离心力。如此恶劣的工作环境，还不允许失效，小叶片们也只能咬牙坚持，因为如果叶片断了发动机就会停车，装载叶片的涡轮轮盘崩溃，就会造成发动机解体，连带整个飞机都被摧毁。如今在民航客机上应用的**镍基超级合金叶片**，要在材料熔点数百摄氏度以上的高温下工作。它也是人类制造过的最大单个晶体零件，整个叶片其实就是一个金属晶体材料，真可谓人类工程学极致的体现。

发动机涡轮扇叶（© 胡尼尼摄 / 公版）

　　但是，在二战时的德国，先不说没有今天的镍基超级合金了，甚至连钴与钼都找不到，只能用铝、低碳钢这些容易得到的低级材料制造 Jumo 004，性能受到了极大限制。为了提升涡轮叶片性能，德国的工程师先是把它做成了空心的，并将一部分压气机里的高压燃气抽出来，引导到空心的涡轮叶片内部，帮它降温。在这么细小的空间内，做出如此复杂的结构，又实现这么高的性能，"在蜗壳里造道场"也不过如此吧。但因为德国缺乏稀有金属，Jumo 004 的寿命被限制在仅仅一两次飞行以内，本就昂贵的发动机，却有着如此短的寿命，对战争末期资源捉襟见肘的纳粹德国来说，确实是太奢侈了。

经过涡轮的高温高压燃气，带着巨大的能量，这时就进入了收敛扩张型的喷管中。而在喷管的最窄处，气流正好达到音速，并且在之后的扩张区域里继续加速直到超音速。根据外界气压和发动机通气量喷管的需要进行调整，如今，超音速战斗机的喷管全都由发动机的电脑自动控制，飞行员不需要太操心。但在七八十年前的二战时期，德军的喷气式战斗机飞行员只能根据一个贴在腿上的表，转动一个摇柄来控制超音速喷管，这样的操作，使得战斗机飞行员的工作复杂程度几乎难以想象。

但是，配置 Jumo 004 发动机的德军战斗机——梅塞施密特 Me-262"燕式"战斗机（Messerschmitt Me-262"Schwalbe"）一经问世，便成了盟军飞行员的一场噩梦。就在对面优秀的活塞螺旋桨式战斗机使出浑身力气才能达到 600 千米/小时速度的时候，Me-262 已经能飞到 870 千米/小时了。一个原因是，喷气式发动机在高速飞行时，并不会像活塞螺旋桨那样效率陡然下降，而且它也不像活塞螺旋桨那样会随着高度上升而出现输出功率滑坡。在空战中，Me-262 拥有无与伦比的先天优势，可以快速进入战场，达到目标后又能快速撤离。如果 Me-262 飞行员决定要撤了，盟军是根本无法阻止的。喷气式发动机发出的轰鸣声完全不同于活塞螺旋桨，这种噪声甚至会让人心生畏惧。Me-262 的官方名称是"燕式"，而它的轰炸改型 Me-262A-2a，被盟军称为"风暴鸟"——席卷着风暴飞来的猛禽，确实贴切。

为了实现如此高的航速，除了拥有全新的动力系统以外，Me-262 还拥有更大角度的后掠机翼。虽然后掠翼在战斗机上也曾出现过，但在 Me-262 上工程师才真正开始借助大角度后掠翼来提高飞

　　　　　　　　　　　如何离开地球表面

装有两台 Jumo 004 的 Me-262 涡喷双发战斗机（©ho7dog/ 公版）

行速度。Me-262 之父威利·梅塞施密特远远没有满足于量产型号，一直在尝试突破更高的航速，其中的 HG Ⅲ 型，将机翼后掠设置为45 度，并让发动机不再挂载于翼下，而是收入机身内部，从而尽可能降低飞行阻力。

那么，后掠翼为什么这么神奇，能够提升飞行速度呢？因为气流通过机翼，会形成上下压力差产生升力，而一部分气流在通过机翼时是被加速的。当飞机越来越快，甚至在亚音速飞行时，这部分被加速的气流会率先达到音速，形成一块局部的超音速区，这样飞行阻力就会骤增。而在后掠机翼上，迎着机翼气动几何面的气流，会变成飞行速度的一个分量，阻力就直接降低了。这样可以进一步提高飞行速度，推迟局部超音速区的出现。

梅塞施密特在测试高速试验机的时候发现，当飞机速度达到 0.86 马赫（Mach，这个单位就是音速的倍数，1 马赫 =1 倍音速，在高速气流中速度和音速的关系比绝对速度更加重要）时，飞机会进入一种不受控的俯冲状态，高速过载，会导致飞机在空中解体。

Me-262 作为世界上第一款量产喷气式飞机，配备了各种相对先进但还不够成熟的技术，最终以击落 509 架、自损 100 架的战绩，完成了自己的军事使命。虽说它是一种战争工具，但也为飞机的历史做出了不可磨灭的贡献。

梅塞施密特当时对超音速飞行缺少系统性的理解，但依旧进行了大胆尝试，尽管人类航空技术在这短短几十年内大幅跨越，但追求飞得更快的初心没有变。遗憾的是，用今天的知识可以判断，以 Me-262 的底子很难（或者说不可能）做到真正的超音速飞行。当接近音速时，面对这些问题：骤增的飞行阻力和飞行控制特征的巨幅改变，还有发动机在超音速飞行中的进气，在很短的一段时间内，航空工程师竟产生了一丝绝望，认为超音速飞行是不可能的，音速是飞机不可逾越的一道障碍，所以被称为"音障"。但是，打破这面不可见的墙壁，是有可能的。1946 年，在二战结束仅仅一年多后，航空工程师就证明了音障并不是不可逾越的天堑。

驾驶 Me-262 挑战"音障"，仅仅是航空先驱失败尝试中不起眼的一道坎，扑翼机、转缸发动机、木结构巨人机，甚至整个飞艇技术等，最后都被历史证明走错了方向，但是航空科技每一次进步的军功章上都有它们的贡献。

从飞行者一号升空到喷气式 Me-262 对"音障"发起挑战，飞机性能巨幅提高的同时，航空领域也没能出现一个英雄式人物做出更大的突破，足以带领人类进入下一个纪元，包括梅塞施密特。或许，我们也不应该依赖英雄，因为所有的进步与成果，都是由一个个兢兢业业的普通人，在绘图板前、实验室内、工厂车间以及试飞机场上共同实现的。

第五章

步入超音速时代

冲破无形的墙

追求极速的渴望

有一天，巨人赫朗格尼尔看到奥丁骑着八足天马斯雷普尼尔从头顶呼啸而过，他二话不说就骑上黄金马古尔法克西，向奥丁发起竞速挑战。黄金马虽是良驹，但依然不敌神马。巨人一败涂地，最后还被雷神索尔打死。这段北欧神话说明，人类追求速度的冲动古已有之。以亚历山大大帝麾下"伙伴骑兵"为例，骑兵由于速度快、机动性强，在古代战场上发挥了巨大的作用，被称为"古战场上的空军"。诞生于工业革命的钢铁巨人——蒸汽机车，则让由肌肉和骨骼构成的战马黯然失色,速度纪录被不断打破。自从飞机被发明以来，极速纪录继续不断被刷新，然而飞机在提升速度的过程中也遇到了新的屏障，这次不仅仅是动力问题，在高速飞行的飞机面前仿佛有一堵墙在阻止飞机的突破。

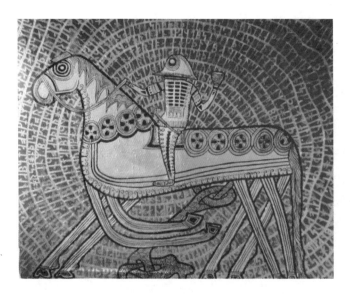

一幅奥丁骑着八足天马的插画（© 贝舍雷尔 绘 / 公版）

除了喷气式战斗机鼻祖 Me-262 以外，其他二战时期的活塞螺旋桨式战斗机也可以在俯冲中达到很高的速度。这时候，这些飞机都会经历恐怖的**控制反转现象**——当飞行员控制飞机向左滚转的时候，飞机反而会向右滚转。副翼在控制飞机向左滚转的时候，右侧应该向下作动，这一侧机翼的升力系数升高；而另一侧副翼同时会向上作动，升力系数降低，使飞机向左滚转。

一般而言，机翼越靠外侧的地方，强度越低、越柔软，因为要承受的力量更小，而机翼翼根部位当然是最坚韧的。当飞机速度越来越高，接近音速时，也就是前面提到的进入跨音速区间的时候，副翼向下作动，施加在副翼上的强大力量会导致机翼外侧向下扭曲、

如何离开地球表面

翻转。这就会降低这一侧机翼的外侧攻角，大幅降低升力，另一侧机翼也是一样。所以，本来增加升力的作动，反而会降低升力；降低升力的作动却会反过来提高升力。除了控制反转这一难题以外，在超音速飞行之前，工程师还有一些其他技术难关要过。

当飞机进行超音速飞行时，还来不及反应周遭的气流对它的扰动，飞机本身已经飞过了。这样的特征，使得**超音速流体**和**亚音速流体**在空气动力学上划分为两个截然不同的世界。当一片机翼在亚音速飞行时，它的升力中心在翼弦的四分之一处；而当同样的机翼在超音速飞行时，它的升力中心会在翼弦的二分之一处。这样升力中心的剧烈后移，不仅会造成飞机的操作特征"性情大变"，而且是在突破音速的一瞬间发生的。在超音速流体中，当气流遇到挤压型的干扰时，还会形成**激波**，而激波可大致分为两种——**正激波和斜激波**。经过正激波的气流，会被剧烈压缩并减速至亚音速，导致压力骤增，还会造成流体较大的能量损失。而经过斜激波的流体，会被压缩和减速，但依然是超音速流体，斜激波造成的能量损失较小。当气流经过扩张型的干扰时，也会膨胀、减压，同时提高速度。在超音速的世界中，不管是喷气式发动机的叶片还是螺旋桨，都无法承受超音速气流的冲击。但当飞机进行超音速飞行时，即使没有活塞和叶片，仅仅依靠一个几何形状，便可以对空气进行压缩和膨胀。

前面提到的涡喷发动机，为航空工程师带来了崭新的思路，使得飞机的速度不再受动力限制。而且，在对超音速飞行不断的尝试和挑战中，人类渐渐摸清了超音速流体的脾气，超音速飞行似乎不再遥不可及，他们正式对"音障"发起了挑战。为了验证超音速飞

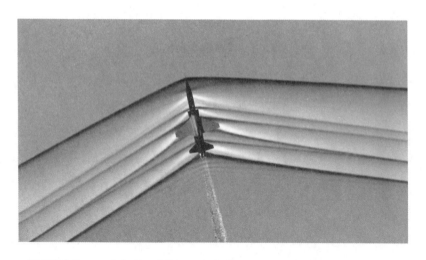

一架遇到激波的 T-38c（©NASA/ 公版）

行的可能性，工程师这次没有选择涡喷发动机，而是选择了推力更大的火箭发动机。

借火箭之力突破音障

在二战结束几个月后，美国国家航空航天局（NASA）的前身美国国家航空咨询委员会（NACA）、美国陆军—航空军联合和贝尔航空公司联合研制了高度保密的试验机 X-1。这架试验机的外形看上去干干净净，尖尖的机头和其他飞机有着明显的区别，可以降低跨音速和超音速飞行的阻力，而在亚音速飞行中反而是较为圆润的机头阻力更低。X-1 的平直翼，并不如后掠翼那么适合超音速飞行，但没关系，我们前面说的"力大砖飞"定律，再次适用于超音速飞行。

如何离开地球表面

X-1 外表看上去干干净净，就是因为这个，它没有活塞或者涡轮喷气发动机。它就像作弊似的，装了一台 XLR-11 火箭发动机，自身就携带乙醇作为燃料和液化纯氧，并不需要吸入空气再压缩。这样的设置，能够凭借尺寸和重量都非常小的发动机，制造出非常大的推力。液化的纯氧肯定比空气中的氧含量高多了，但同样由于需要自己携带氧气，它的发动机的工作时间比涡喷发动机短了很多。但是，没关系，X-1 的设计目的是证明音障是可以突破的，而不是飞越大西洋。

因为 X-1 的火箭发动机只能工作 4 分 40 秒，所以，它的升空需要借助一架波音 B-29 轰炸机，当 X-1 在高空中脱离 B-29 以后，才点燃了火箭发动机向前方冲刺。1947 年 10 月 14 日，X-1 在第 50 次试飞中，正式突破了音障。在我看来，工程学简直就像一种现实中的魔法，一个个冰冷的金属零件被人拼凑起来，实现了一次次不可能的壮举。在莱特兄弟成功首飞后才过了 44 年，**人类就演化成了地球上唯一的"超音速物种"**，而这时奥维尔·莱特尚在人世。

其实，德国在二战中不仅成功研发了第一架火箭动力飞机，还投入了实战。由梅塞施密特公司研制的 Me-163 战斗机，首飞于 1941 年 9 月。不同于其他所有战斗机，它短胖的机身里装了甲醇和过氧化氢（双氧水）这两种危险的液体，在火箭发动机内发生反应，喷射出水蒸气，推动飞机前进。

这种原始的火箭发动机，并没有发生释放大量能量的燃烧反应，所以性能并不高，但是依旧可以提供足够的推力，让代号为"彗星"的 Me-163 在敌军机群中长驱直入，以两门 30 毫米航空机炮直取轰

贝尔 X-1 试验机（© 维基 / 公版）

炸机首级。驾着烟雾呼啸而来的 Me-163，给盟军飞行员带来了很大
心理震慑，而且因为它航速太快，基本无计可施。后来盟军发现，
火箭动力的 Me-163 续航距离非常短，所以对付这种飞机很简单，只
要把轰炸机群飞行路线规划一下，避开 Me-163 的基地就行了，毕竟
它只有短短 7.5 分钟的飞行时间。如此简陋的火箭发动机，配上短
粗低效的机身，还带着笨重的机炮和炮弹，Me-163 这个小胖子依然
能风驰电掣，可见火箭发动机的动力有多么强横、不讲理，无愧于"彗
星"之名。我第一次在博物馆中看到 Me-163 实物时，觉得它长得非
常怪异，身材短粗不说，还没有发动机进气口，机鼻还装了一个非

如何离开地球表面

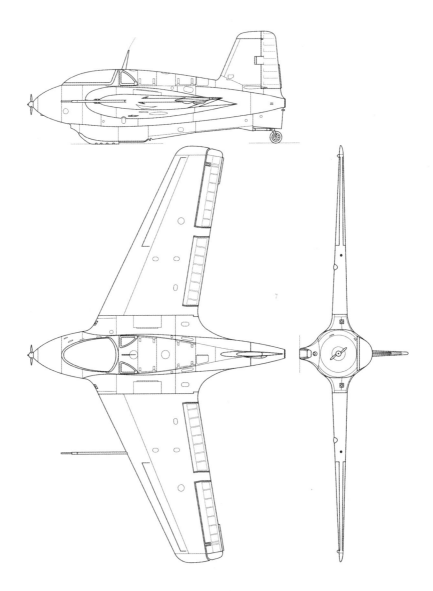

Me-163 设计图（© 维基百科 / 公版）

常迷你的螺旋桨，这个尺寸不可能驱动飞机前进啊。仔细看讲解词才知道，它机鼻处安装的袖珍螺旋桨是用来带动发电机给飞机上的仪器供电的，这样虽然会制造一定的飞行阻力，但是当电池发生故障时，至少还有一个可用电源。

超高速飞机的再次突破

喷气动力把飞行速度带上了一个新台阶，而 X-1 又让人类突破音障，来到速度和高度的新世界。工程师和军方都欣喜若狂，大笔金钱被投入新型超音速飞机的理论研究和设计制造，人类制造极速机器的进程正式开始了。

二战后，美苏两大阵营进入冷战，美国的高空侦察机 U-2 虽然飞得足够高，但不够快，还是能被导弹击落的。当时美国中央情报局（CIA）找到了设计制造 U-2 侦察机的洛克希德公司的"臭鼬工厂"，希望对方能再制造出一种高空高速侦察机，不怕导弹追上来的那种。臭鼬工厂是洛克希德公司的工厂之一，有这个绰号，是因为他们的厂房挨着一家塑料厂，每天排放剧毒的废水废气，员工要忍着恶臭上班，有时甚至需要戴着防毒面具。为了表示对办公环境的不满，他们自嘲为"臭鼬工厂"。工厂里的工程师和技术工人有着很高的自治程度，不像一般的工业巨头内部盛行官僚主义，组织充满了活力，足以激发创意，从这个有趣的绰号就能看出来。这里特别擅长研制令人难以置信的神奇飞行器。

在 20 世纪 50 年代末，"音障"已经不被臭鼬工厂的工程师放在

如何离开地球表面

眼里了，但随着速度的提升，这些活跃的工程师和他们的作品又碰到了下一道障碍——"热障"。随着飞行速度的提升至约 2.5 马赫，由于空气摩擦剧烈，机身蒙皮会升温至 300 摄氏度以上，这样的高温会使铝合金强度下降，而这对于铝合金骨架和蒙皮的飞机来说，几乎是致命的。想要飞得快，就必须找到能承受如此高温还能维持强度的材料。最后找到的备选方案是：不锈钢或者钛合金材料。这两种材料都能承受 3 马赫以上的飞行速度产生的高温，最后，臭鼬工厂的团队选择了性能更优秀的钛合金。虽说优秀，但钛合金在当时条件下极难加工，在被切割时会氧化甚至起火，需要特殊的刀具，当然也很难焊接。另外，钛合金非常昂贵，不过 CIA 也不差这点材料钱，但关键问题是——全世界的钛的产地几乎都分布在苏联领土上，但美国不就是要去侦察苏联吗？

结果 CIA 成立了多个空壳公司，迂回式地从苏联进口钛，结果还让他们给干成了。拿到了钛的工程师团队，立刻着手设计和制作钛合金机身、机翼。既然这是一架侦察机，就不需要携带乘客或者货物，也不需要携带武器，它可以被设计得极其纯粹，几乎就是一架"为了飞行而生"的飞机。它的外形非常符合超音速空气动力学，就像一把利刃，以极高速度刺穿数万米的天空，代号为 A-12。工程师为了给飞机减重，直接省去了油箱，用钛合金蒙皮携带燃油。但这又造成了一个大问题——既然这架飞机是要以超过 3 马赫的速度飞行的，在这个温度下蒙皮会受热、膨胀。所以在地面上温度低，就得在蒙皮之间留出膨胀的间隙，否则飞快了以后，蒙皮不是都变形了吗？

钛合金蒙皮底下就是燃油啊，留出缝隙不就漏油了吗？不管工程师用什么密封手段，都无法让蒙皮在经历数次膨胀—收缩循环后维持密封状态，于是他们提出了一个很"工程师"的解决方案——那就让它漏油好了！我们来研发一种稳定的燃油，不会因泄漏导致地勤人员中毒，以及飞起来以后不失火就行了，这就是为此特制的 JP-7 低挥发性航空燃油。这样一来，每次起飞之前加油真的是一边加，一边漏，一次能漏几百千克。由于 A-12 的技术十分先进，集各个领域工程学的尖端科技于一身，理应被赐予一个威武的名字，所以洛克希德公司准备称它为"大天使式"。但出乎所有人意料的是，A-12 飞机的总设计师后来为它取了一个既搞笑又贴切的名字——"牛车"。它起飞以后往往边飞边漏油。

为了能以 3 倍音速以上的极高速飞行，不管是涡喷还是涡扇，都无法带给工程师满意的动力。普惠的工程师这时又有了一个绝妙的点子，他们拿出了一件像 A-12 本身一样优秀的作品——普惠 J-58 变循环发动机。

当流体处于超音速的时候，只靠空气动力学的扰动，就能让气流进行高效的压缩和膨胀，既然如此，那么能不能把涡喷发动机上复杂、昂贵的压气机直接省去，设计一个**超音速进气道**，让超音速气流自己压缩呢？这就是比涡喷更先进的**冲压发动机**的最初想法。

当飞机以超音速飞行时，机头的进气锥会造成激波，空气被激波剧烈压缩，根本不必经过压气机的压缩就可以直接点燃，再通过收缩或扩张超音速喷嘴，将燃烧产生的热量转化为动能，形成强大的推力。由于没有压气机，所以也不需要涡轮机来推动压气机了，

如何离开地球表面

这巨幅提高了发动机的热机效率，远远超过一切涡喷发动机。

当飞机飞行速度低于设计速度时，第一道斜激波不会正好贴在进气道唇部，而是高于它，这样会降低进气量。于是，工程师设计了一个中心体——**移动超音速进气锥**，当飞行速度小于设计速度时，第一道斜激波角增大，但中心体向后收缩，将这个大角度斜激波依然限制在贴近进气道唇部的地方，进气面积恢复到最大，几乎就能达到当初设计时的飞行速度。当然，这些一切都有一个前提：飞机必须以超音速飞行并产生激波，所以，要想用冲压发动机作为动力，就还要准备一个额外的动力（比如火箭发动机）来完成"静止—超音速"的加速过程，或者，像二级火箭那样用一个超音速飞行器把它带到超音速状态再释放，让它独立飞行。

J-58 发动机之所以堪称"完美的解决方案"，是因为它可以实现**变循环**：在低速飞行阶段是涡喷发动机，完成从起飞到超音速的加速阶段；而在高速飞行时，又可以转变为高效的冲压发动机。跟其他所有涡轮发动机都不同的地方是：它每一侧各有 3 根粗管子，总计 6 根。它们就是实现变循环的核心。比如，当 A-12 的飞行速度低于音速时，变循环管道是关闭的，它工作起来就像一个带加力燃烧室的普通涡喷发动机：吸气、压缩、燃烧、推动涡轮，在加力燃烧室二次燃烧、喷气。而当 A-12 达到超音速飞行时，**变循环管道会根据飞行速度的高低，将核心气流从涡轮压气机中部抽出来（速度越快，抽得越多），从加力燃烧室前部直接注入。当超音速飞机以极速3.2 马赫巡航时，绝大部分的压气工作都是由超音速进气道完成的，而绝大部分气流都是经变循环管道直接注入加力燃烧室的，不用经

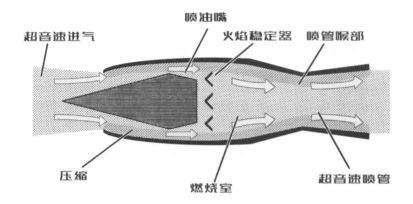

超音速进气

喷油嘴

火焰稳定器

喷管喉部

压缩

燃烧室

超音速喷管

冲压发动机原理（© 关山 绘）

J-58 变循环发动机，可见复杂的变循环管道（©Daderot/ 公版）

如何离开地球表面

过主燃烧室。这样就能极大提高燃油效率，这也就是**飞机在极速飞行时反而最省油**的原因。

超音速进气道可以提供 39 倍的压比，而普惠 JT3D 发动机只有 16 倍总压比，而今天最先进的航空发动机也只有 40~50 倍总压比！这时的核心气流再经压气机压缩，就会达到可怕的 112 倍总压比！而加力燃烧室在极速飞行时，相当于冲压发动机的主燃烧室，而它在非极速飞行时又是涡喷发动机的加力燃烧室，J-58 可以在两种工况之间根据飞行速度高低无级切换。与普通的带加力燃烧室涡喷发动机不同，J-58 还有一个特点：它的加力燃烧室会在飞行过程中保持全程开启。

除了变循环管道以外，普惠的工程师设计了一个非常复杂又极其高效的**气流管理系统**。针对 J-58 的特殊任务，它还有两个很有特点的设计：一个是 J-58 的进气锥可以前后移动 66 厘米，以配合不同飞行速度（中心体移动超音速进气锥，就是前面提到的原理）；另一个是普惠的工程师做了一个堪称天才的设计。当空气流过固体表面时，最贴近表面的一层速度和固体的速度一致，而远离表面的气流速度和远处气流速度一致，中间的这层就是附面层，而气流速度越快，附面层也就越长，对于发动机进气来说，这部分空气能量较低，会对发动机工作效率造成负面影响，甚至会有一定概率堵塞进气道。

J-58 发动机在进气锥最粗处开了一圈网状吸气孔，在这个位置把超音速流体的附面层吸出，然后通过内道在进气道尾部向外部环境排出，否则这里由于气流太快，会形成非常大的分离气团，极大干扰激波组合，降低进气道的压缩效率。而在飞机起飞时，由于没有超音速激波压缩进气，导致进气量非常低，这条神奇的气道会逆向工作，从环境中额外吸气，通过附面层抽吸的网状孔，将额外的空气注入核心气流，增大进气量！

另外，特制的 JP-7 燃油在进入 J-58 发动机之前，还会作为冷却剂为发动机润滑油、飞控液压系统或飞控电子系统等会发热的系统进行冷却，最终才被注入发动机燃烧室参与燃烧，真可谓物尽其用。

为速度而生的 A-12"牛车"一点儿都没有让人失望，CIA 的海量预算也没有白费。它的巡航速度达到了 3.1 马赫，而极速甚至达到了 3.35 马赫，升限为 2.6 万米。如此高的飞行高度和速度，让同时代所有飞行器望尘莫及，即使是苏联强大的防空导弹也拿它没办法。超强大、超昂贵的 A-12 于 1968 年退役，作为保密机型，其计划并未被公众所熟知，直到 2007 年，CIA 才将 A-12 计划解密。

但是，A-12 还有一个更广为人知的兄弟。在 CIA 和洛克希德签署 A-12 合同以后，美国空军也认识到了这种极致速度机器的军事潜力，紧跟着 CIA，向洛克希德订购了 A-12 的改型，授予型号 SR-71"黑鸟"。洛克希德在后期对黑鸟又进行了大量改进。黑鸟的名字，源于它通体黝黑的外观特征。飞机的外部涂装大部分都是浅色，其中最主要是白色，原因是白色或者浅色涂装所吸收的阳光热量更少，却对机身冷却更有帮助。黑色虽然能吸收很多热量，但辐射散热能力同时也更强，"牛车"和"黑鸟"却因超高的飞行速度产生表面高温，为了利用黑色高效辐射散热的特性而涂成了黑色。

那么，黑鸟的速度到底有多快呢？在 1974 年 9 月 1 日，一架黑鸟从纽约飞至伦敦只用了 1 小时 54 分钟，而同时期的喷气式客机

如何离开地球表面

SR-71"黑鸟"侦察机

A-12"牛车"侦察机

则需要至少 7 小时。在 1976 年 7 月 28 日，一架黑鸟以 3 529 千米 /
小时的速度创下载人飞行器最高速纪录，至今无法打破。除了极高
的飞行速度和高度，臭鼬工厂的工程师还在牛车和黑鸟项目中进行
了降低雷达反射面积的尝试，这为后来的隐形飞机打下了一定基础。

SR-71 造价极其昂贵，要占用军方大量后勤资源，只能于 1998
年彻底退役，如今，在美国的几座航空航天博物馆都能看到它的身影，
A-12 则更少见一些，我曾在纽约的"无畏号"航母博物馆中有幸一
睹其真容。

这"极速两兄弟"的退役，除了造价昂贵以外，还有一个原因，
就是现代侦察卫星的性能已经强大到足以替代侦察机，而且卫星成
本虽然也不低，却比这两兄弟的性价比高多了。

全面喷气化时代

在工程师挑战"音障"的同时，涡喷发动机正在被整个航空工
业广泛接受，几乎所有种类的飞机都尝试了喷气化。涡喷发动机不
仅能让飞机飞得更快，还能飞得更高以躲避低空天气。而且，因为
大型活塞式螺旋桨发动机的结构越来越复杂，汽缸的堆砌还带来了
成本过高、可靠性不足等问题。而初代的涡喷发动机结构，相比之
下就更简单了，核心区域根本没有任何齿轮结构，只要发动机启动
便可维持工作，可靠性增加了 10 倍不止。

那么，涡喷发动机在高空高速飞行时，相比活塞螺旋桨动力增
强了多少呢？同样都是罗尔斯·罗伊斯发动机公司（以下简称"罗罗"，

罗罗的 Derwent 系列发动机（© 维基／公版）

即汽车品牌"劳斯莱斯"最早的母公司）同一时期的产品，初代涡喷发动机 Derwent 8（即"格罗斯特流星"战斗机的发动机），自重只有 442 千克，却能输出 3 600 磅的推力。想当初，英国喷火式战斗机在以 483 千米／小时的速度飞行时，它配置的 744 千克的"V"型梅林 12 缸发动机有 1 500 多马力，却只能输出 840 磅推力，只有前者的 1/4。而且，喷气式发动机随着速度提升，推进效率不会像活塞螺旋桨一样呈断崖式下跌，反而在一些情况下是速度越快，效率越高。

从这时开始，军用飞机开始大面积地应用喷气发动机，包括战斗机、轰炸机、运输机等。同时，民航客机领域也开始了喷气式动力的转换。喷气式客机可以在高空接近音速飞行，平流层的气流稳定，几乎没有颠簸，也不用躲避云雨雷暴。喷气发动机也没有大型活塞螺旋桨发动机那种震耳欲聋的恐怖噪声，再加上飞行速度翻了一倍，乘客的乘坐体验巨幅提升，可以说，当时所有人都认定喷气动力是民航业未来的方向。其实，为了开发初代喷气客机，人们又走了很多弯路，比如，英国德哈维兰的"彗星"客机的方形窗户，就容易出现金属疲劳，引发事故。因为喷气式客机飞得更高，每个航班客舱每一次"加压—减压"循环，对机身结构的冲击会更大，金属疲劳问题也就更加突出了。但是，民航客机所走过的最大弯路，还是发动机的摆放位置和配置方式。

军用的战斗机、轰炸机等在那个时代已经历了相当程度的"喷气化"，而喷气飞机也不仅仅是改了个发动机驱动形式。由于速度快，整个机翼、机身等部件都需要配合，所以这些飞机很难在低速轻松稳定地飞行。另外，由于升限，活塞螺旋桨动力的美国空军主流空中加油机 KC-97 无法在高空工作，而在低空飞又比较危险。那时用活塞机给喷气机加油是个相当危险的工作，受油喷气机需要襟翼全开，还要以相当大的攻角飞行，而加油活塞机则需要发动机全力输出，并以一个缓缓俯冲的姿态飞行，两架飞机的速度这时才能在一个很窄的区间内契合。所以，剩下这么多的 KC-97，不就浪费了吗？

还没开始喷气式客机研制工作的波音，这时想了个折中的办法：把剩下的 KC-97 订单一部分改造成喷气机，可以在高空高速给空军的喷气机加油，这与美国空军的需求一拍即合，而同时，这架加油机改改内部，就变成客机 KC-135。就这样，波音拿着美国国会的国防预算，补贴到了自家的喷气式客机项目上。

其实波音作为航空巨头，在喷气客机上也不是从零开始的，在 B-47 和 B-52 两款喷气式轰炸机研发上，波音就积累了不少的技术家底。B-47 和 B-52 的后掠翼都是 35 度后掠，这架飞机毫无悬念地也选择了 35 度后掠翼。最初，他们为了掩饰自己正在研发全新的飞机，给它套了一个老的 367 活塞式运输机系列的外皮，其衍生代号是 367-80，内部代号是 Dash-80，实则是波音在这个领域的首次尝试。而波音 367，就是上面提到的波音 377 客机的货机版。

当 KC-135 竞标赢了空军的订单后，稍加改造就拿去给航空公司当演示机用了。注意看，下图这架 367-80，连窗户都没有，从外面看就是军机改了个涂装。当初波音在西雅图给各航空公司的高层展示 367-80 内部之前曾做过一次飞行演示。当时负责演示的波音飞行员极为大胆地做了一个空中滚转动作，把波音的 CEO 和各航空公司老板都吓傻了。刚下飞机，他的老板就冲过来一顿臭骂，要炒他鱿鱼，这位飞行员却反问道："你就说好不好使吧，卖没卖出去？"结果自然非常好，航空公司老板都被它表现的飞行性能所折服，飞行员也保住了工作，但被严厉警告："以后别这么做了。"其实这是一个非常温柔的滚转，全程飞机载荷为 1 个单位加速度（飞机受力与平飞时差别不大），只是视觉上有些令人震撼，今天确实再也见不到大型客机做滚转表演了。

按照泛美航空总裁胡安·特里普要求加宽了机身的 367-80，终于被授予新的系列型号——波音 707，它开启了一个新的客机时代。

波音 367-80（©Boeing Dreamscape/ 公版）

虽然波音 707 并不是第一款喷气式客机，它的前辈还有加拿大的
C-102"彗星"客机。但是，喷气式客机对于全人类来说都是崭新的
领域，很多工程问题，大家都不可能知道最优解是什么，只能去大
胆探索。比如下面这个问题：发动机布局怎么安排才最合理？

上面提到的两款比 707 更早的客机都把发动机埋在了机翼里面，
"彗星"还甚至把发动机放在了翼根处。虽说喷气式发动机比活塞
式航空发动机可靠得多，但是如果出点什么事，比如机翼被炸断了，
那整个飞机可就悲剧了。

而波音在之前 B-47 和 B-52 喷气式轰炸机上不光积累了 35 度后
掠翼的工程经验，还有就是翼吊式发动机布局。首先，发动机挂在
机翼前面，如果炸了不会把机翼炸断，且其飞出的零件不会让机翼

如何离开地球表面

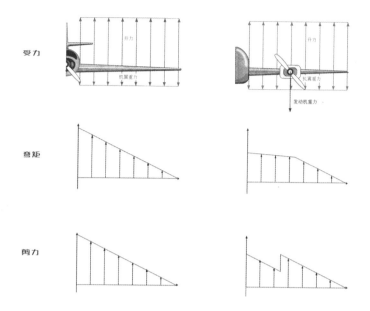

单发和双发吊翼两种发动机布局的受力差异。弯矩就是机翼弯曲变形时产生的力矩。当发动机装在机翼上时，机翼根部的弯矩降低，从发动机到翼根处的剪力也同时降低（© 关山 绘）

内部脆弱且重要的系统（比如电气、液压、襟翼、油箱等）受损。当然，今天航空发动机虽然更复杂了，但是可靠性比那个年代强太多。

　　而且，相较于把发动机贴着机身放，翼吊布局对机翼结构还有一个好处。飞机在飞行时，机翼收到向上的升力，如果把发动机放在机翼上，把机翼往下压，这样就平衡了升力，降低了机翼结构的载荷，同样，把油箱放在机翼里也是这个道理。这种机翼布局显然是喷气式客机的最优解，所以也就被各家生产的中大型客机（如空客 A380）沿用至今，除了出于一些其他因素，不得不把发动机放到飞机屁股上，形成**三发布局**。关于布局，后面再详细讨论。

前面我们了解了冲压发动机，而此时的喷气式发动机已变得更复杂，包含了两根轴。在涡扇发动机中高压压气机和高压涡轮在燃烧室两侧，通过一根空心高压轴相连，轴的外面又包了一层低压压气机和低压涡轮。另一根轴从空心高压轴中间穿过，将低压压气机和低压涡轮连接起来。这样的设置，虽然增加了结构复杂性和制造成本，却可以大幅提高发动机的各项性能和运行稳定性，以及民航中最重要的发动机效率。而且，两轴的架构带给航空发动机工程师更多的设计自由度，使他们能施放一种热力学"魔法"——**外涵道喷气**。

在航空发动机上，**外涵道**是指进气口外面那圈进气道，不与燃烧室相连；**内涵道**是指进气口里面那圈进气道，与燃烧室相连。而战斗机的尾喷口没有内外涵道的区分，已合为一股。而**涵道比**（bypass ratio，也叫旁通比）就是涡扇发动机外涵道与内涵道空气流量的比值。

最初 707 搭配的发动机，就是两轴的普惠 JT3C 涡喷发动机，后来又换装了两种更高效、推力更大、噪声更小的涡轮风扇发动机（简称涡扇）——英国罗罗 Conway 和普惠 JT3D。其中普惠 JT3D 涡扇改进自 JT3C，它把低压轴的三级压气机叶片换成了两级风扇，实现了外涵道喷气。

我们简单了解外涵道是一种什么魔法。其实，包括喷气式发动机在内的所有**热机效率**，都分为三部分：燃烧室效率、内效率和外效率。

燃烧室效率，就是多少油实际能烧出多少热量。不管是涡喷，还是涡扇，燃烧室都差不多，所以燃烧室效率也就差得不多。

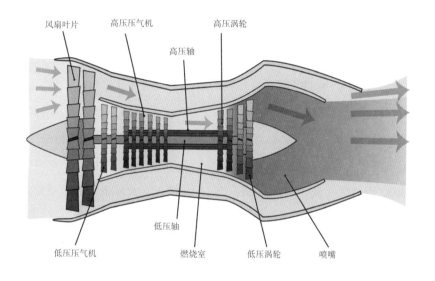

风扇叶片　　高压压气机　　　高压涡轮

高压轴

低压轴

低压压气机　　　　燃烧室　　　低压涡轮　　喷嘴

两轴低涵道比涡扇发动机运行图，低压轴为绿色，高压轴为紫色（© 维基 / 公版）

　　内效率，就是燃油烧出来的热量能做多少功（以驱动涡轮和喷气推进）。这个值，在没有加力燃烧室的发动机（通常是战斗机发动机，在涡轮后部灼热尾气中喷入额外的燃油，以制造更多推力，但油耗高得夸张，效率又很低）和总压比呈正相关（这也是为什么商用航空发动机的压比越来越高，因为性价比高）。此外，内效率还与涡轮前温度与环境温度之比呈正相关（这就是为什么商用和军用发动机都在追求提高涡轮前温度，因为这对于涡轮冷却系统和涡轮材料、涂层提出了诸多挑战）。

　　外效率，就是排气排出去的这些动能，实际带来了多少推动飞机前进的能量。它跟排气速度呈反相关，即排气速度越接近进气速度，外效率就越接近 100%。当进气和排气速度一致的时候，外效率就达到 100%。当然，这时也不会产生任何推力，飞机就不动了。可想而知，提高效率的最佳方案就是降低排气中的被浪费掉的能量。用这部分能量来推动空气，当然越多越好，而这部分空气被"推"以后的速度越慢越好。换句话说，如果能尽量提高涵道比，更"温柔"地推动更多的空气，就能提高发动机效率了。虽说当年燃油价格低，跟不要钱一样，但是更大的推力能推动更重的飞机（也就是更多的油），而且油耗低，同时也保证了航程足够长。**大涵道比的航空发动机就是经济实用的代名词。**

发动机改进的功劳，虽然不能归波音一家，但至少波音主动接受了航空发动机界的改变。

波音 707 确实不是第一款喷气式客机，但它是第一款在商业上成功的喷气式客机，总产量达到了 865 架。除此以外，还有 803 架 KC-135 加油机、68 架 E-3 侦察机、60 架 C-135 运输机这些兄弟机型。其中还包括了当时的总统专机"空军 1 号"。这些加起来，对比仅有 114 架产量的"彗星"，已经算是惊人的成功了！

黑鸟超过 3 马赫的飞行速度，才能满足空军对飞行速度的渴望，那么飞行速度不到 1 马赫的波音 707，就能满足民航旅客对速度的需求了？——当然不能。

作为飞机乘客，我们都希望旅途更安全、更快、更舒适，没有上限。下一章，我们将通过超音速客机开发的历史，讲讲航空人是如何费尽周折，才让我们享受到飞行便利的。

第六章

航空业的全面加速

极速与安全的矛盾

超音速客机的狂热

在伦敦的希思罗机场，英国航空设有特殊的值机柜台和休息室，比其他所有柜台和休息室都更奢华，餐饮都更高档，因为它们的服务对象大多是娱乐明星、基金经理和电视主持人这种传统意义上的成功人士。从宽敞明亮的休息室出来，进入一个狭小的飞机客舱，紧接着乘务员会送上一杯高档的香槟。在经历4台涡喷发动机加力燃烧全开带来的强烈推背感后，飞机已经爬升到近2万米的高空，并以超过2马赫的速度巡航。这时，乘务员会为乘客端上上好的法国葡萄酒、鱼子酱、三文鱼以及由米其林星级厨师烹饪的和牛肉或龙虾。3个小时后，飞机降落在纽约肯尼迪国际机场，不知有多少乘客希望飞机飞得再慢一些，对于那些时间宝贵的乘客来说，这已经不仅是一次飞行，而更像是穿越了，横越大西洋甚至可以当天往返。当然，这种奢侈的飞行体验的代价，是超过当时亚音速客机头等舱

A380 头等舱内的部分设施（© 维基 / 公版）

2 倍的票价，这令普通人望而却步。

　　超音速飞行的狂热也席卷了军用航空业，1954 年，美国的 F-100 "超级佩刀"超音速战斗机量产服役，民航业同样不甘落后。在 20 世纪 50 年代，英国政府成立的超音速运输飞机委员会，开始研究**超音速客机**，布里斯托尔飞机公司根据他们的意见，提出了最终方案："**布里斯托尔-223**"，一种取消了水平尾翼的三角翼布局飞机（见后掠翼那一节），将数台涡喷发动机配置在机翼下方后侧，可搭载 100 名乘客，并以 2 马赫的速度巡航。英雄所见略同，由法国政府支持的超音速客机项目中，法国南方航空和达索联合提出的"超级卡拉维尔"方案，也有着相同的机翼布局，只不过载客量略低，航速略高。

　　既然两边造的飞机差不多，那么两个团队只好经常交流。研发

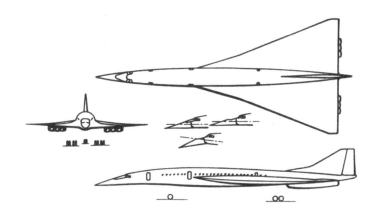

布里斯托尔-233 型超音速客机示意图（© 维基 / 公版）

进度逐渐推进,两边都发现实际需要的资金比预期的高了很多。所以,
与其造两款相似的飞机作为对手,还不如由英法联合研制,既能避
免竞争,还能节约资金。双方一拍即合,达成协议,飞机机身和搭
配的发动机工程量,都将由两国的飞机公司和航空发动机公司共同
完成。英国和法国在历史上纠缠几千年,甚至整个英国的封建制度
都来自法国,法语也是英国贵族的通用语。但飞机工厂可不是什么
贵族聚会的城堡舞厅,双方的沟通遇到了语言障碍,为此英国的飞
机公司还给员工专门开了法语课,法国的宇航公司也给员工开了英
语课。但是双方的矛盾不仅是语言上的,还有性格作风之别:英国
人务实,觉得超音速客机速度这么快,乘客只坐一会儿喝杯茶,吃
个三明治就走了,不必太讲究。但法国人觉得超音速飞机这么奢华
的出行方式,必须配上足够的奢侈感,比如上好香槟酒、精致美食

以及绝妙的乘坐体验。而这些过分的需求，简直是轻量化工程师的噩梦。

不过还算顺利，1967年，第一架"协和式"客机（以下简称协和）在法国图卢兹亮相，见到它的所有人，都被它优雅的身形所打动，在工程上所有的不快一扫而空。在此之前，协和客机已经拿到了数十架的订单，其中一部分来自美国航空公司，这使得肯尼迪政府很快成立了国家项目扶持美国的超音速客机，而且要求尺寸更大、重量更大、更舒适，速度当然也要更快，毕竟美国才是最早发明飞机和突破音障的大国。这个决定，对美国的航空工业发展产生了深远影响。

电传飞控与加力燃烧室的出现

既然是两国合作的尖端产品，我们先说说协和客机的工程学优势。协和客机由于要超音速飞行，机翼在跨音速过程中升力中心突然后移的问题就需要被稳妥地解决，于是工程师先给协和装备了从军用飞机拿来的**电传飞控**（Fly-By-Wire，FBW）系统。这套系统可以把飞行员的操作与飞行控制舵面之间的机械连接断开，极大降低了飞行自动化的难度。因为在不同的飞行高度和速度下，同样的操作会产生截然不同的飞行姿态改变。而电传飞控系统实现了一点：不管在什么飞行状态下，一个飞行员的操作就会造成飞行姿态同样的改变，这也大大降低了飞行员的工作压力。

而且，在盘旋的时候，机载电脑可以计算出最佳的尾翼舵面角度，让飞机干净利落地进入一个盘旋弧线，降低飞行阻力。在机载电脑中还设计了保护程序，可以保证飞机一直在飞行包线（体现飞机性能的图表，一种以飞行速度、高度、过载等作为界线的封闭几何图形，用来表示飞行范围和限制条件，相当于厂家给飞机配的安全说明书）内飞行。加之，正常状态下电脑会忽略飞行员的极端操作，比如，刚刚起飞就向上拉到底，这一般会造成失速坠毁。既然飞行员的操作只是给电脑下指令，电脑根据飞行速度再处理一下才去操作舵面，这样就解决了跨音速飞机的操控问题。关于飞控，我们后面再讲。

如果在飞行中，舵面一直以很大的角度来控制飞机，还会造成额外的飞行阻力，而协和客机应用了**配平油箱**，把两组对应的油箱放置在主油箱前面和机尾，当飞机超音速飞行时，燃油泵会将燃料从前配平油箱泵入主油箱和尾部配平油箱，将整个飞机的重心后移，以配合超音速带来的机翼升力中心后移。但是后来发生的协和空难悲剧，显示其也有技术上的缺陷。

协和原型机的试飞表现，展现了符合工程师预期的优秀性能，早在 1970 年就实现了 2 马赫巡航速度。一切都还算顺利，但是以超音速飞行的协和原型机，暴露出了几个工程师没考虑到的缺陷。

首先它产生的音爆噪声实在太大了，飞过之处总是能引起居民海啸般的抱怨。除了噪声过大，协和客机还有一个更关键的缺陷：来自**加力燃烧室**的问题。协和客机的外形和机翼，是根据超音速飞行而做的优化，但低速飞行的能力甚至还不如其他亚音速客机。为了在同样长的跑道上起飞，协和客机安装的 4 台涡喷发动机，还加装了通常只有在战斗机上才能看到的加力燃烧室。问题就出在这儿，

Olympus 593 发动机（©Rept0n1x 摄 / 公版）

经过涡轮的燃气会被额外注入燃油再次燃烧，将燃气中剩余的氧气全部耗尽，达到更高温度，在超音速喷管中加速到更快，制造出更大推力，但是这样做的效率极低。之所以不在燃烧室中喷进更多燃油，将空气里的氧气全部烧掉，是因为这样会导致涡轮叶片熔毁；而在加力燃烧室后部，燃气不再接触活动部件，喷管外壁可以较快地冷却。

　　另外，加力燃烧室除了油耗巨高，工作时还会冒出滚滚黑烟，这让观看它起飞的人纷纷下意识遮掩口鼻。也是由于冒出的黑烟，协和客机在日本的推销之旅彻底失败——不仅没有拿到新订单，还被取消了 3 架原有订单。其实，量产的协和客机上装备的涡喷发动机 Olympus 593 是非常高效的，虽然当时已经有了更省油的涡扇发动机，但在高速飞行上反而还是涡喷发动机的效率比较高。Olympus

593 曾经是人类制造的热机效率最高的内燃机，纪录保持了几十年，直到被最新的阿特金森循环汽车发动机取代。（我在美国佐治亚理工学院访问期间，学院实验室的大厅里就陈列着一台 Olympus 593，那时我经常在工作间隙下楼仔细打量它，也曾向很多人介绍它是如何工作的。）

就在协和客机即将进入商用之时，1973 年，第一次石油危机爆发了。航空公司本来可以将协和客机的机票卖出高价，这样就算飞机油耗高也能挣钱。但在第一次石油危机中，原油价格从每桶不到 3 美元暴涨至近 12 美元，如此昂贵的油价，彻底把协和超高油耗的缺陷暴露得一览无余。

突破音障又遇热障

不得不说，协和客机的速度是真快，从纽约到伦敦只需要 3 小时，而通常亚音速喷气客机则最少要 8 小时。但是，因为音爆时发出的巨大噪声，协和客机只被允许在海面上做超音速飞行。就是说，如果执飞欧洲和亚洲之间或美国东西海岸之间的航班，协和就几乎没有速度优势了。大批航空公司纷纷撤销订单，算上原型机，协和最终也只生产了 20 架，而运营协和的航空公司只有英航和法航两家。

就算航空公司将协和的票价定得非常高也很难回本。作为法国的国家名片，协和客机一直运营到 2003 年 11 月 26 日才正式退役，这不仅仅是因为法航 4590 号航班在巴黎戴高乐机场发生的那起著名

法航协和客机（©Rept0n1x 摄 / 公版）

的空难（责任并不在协和），而且因为在役的协和客机机身寿命短，如果继续服役也需要更高的养护成本。协和的生产线在1979年关停，在"不够经济"的前提下，协和客机永远离开了蓝天，但是协和项目留下的技术和人才，一直照耀着整个航空工业。协和客机的离开，仅仅是为超音速民航按了一下暂停键，故事还没完。

就在协和客机研发开始后不久，1963年，美国肯尼迪政府决定向超音速客机计划注资，承诺由政府承担75%的开发费用，且由于当时美国超音速客机进度已经落后于欧洲协和，所以要求做出差异化竞求，要比他们的更大、更快、技术更先进。协和客机的巡航速度为2.02马赫，载客约100人。而美国想要实现3马赫巡航，250人载客量。协和把速度定在2.02马赫，其中一个重要原因就是前面

如何离开地球表面

提过的"热障"，一旦超过了这个速度，飞机表面就会因为和空气摩擦，升温到铝合金蒙皮无法承受的程度。

而美国飞机要达到3马赫速度，就意味着要寻找**更强的蒙皮材料**，除了黑鸟上用的钛合金，就只有苏联米格-25用的不锈钢。钛合金造价非常贵，而且主要产地在苏联，而不锈钢很重，两种都不是特别理想。美国作为航空大国，不止拥有波音一家航空巨头，当然也就不止一家企业在做超音速客机，但美国政府只能选择资助一个项目，于是各家开始进行项目竞标。其中波音的超音速客机项目733衍生出了两个机型参与竞标。而最终入选的是被命名为"2707"的方案。波音的超音速客机项目当时春风得意，在航空公司内外都享受着明星般的待遇。

令人意外的是，2707竟然是人类设计的第一架**宽体客机**，乘客甚至还有个人电子娱乐系统，扶手里有个小电视可以掰出来。想想看，那还是60年前啊！舒适性加满了，设计却遇到了巨大阻碍，放弃了可变后掠翼，改为有尾三角翼。

在烧掉巨量的预算后，波音高层和美国国会都有点儿心虚了；再加上当时的民众对超音速飞行音爆带来的安全隐患，对巡航高度超高的飞机排放污染环境的担心，最终，1972年美国国会决定停止向2707项目拨款，这直接宣判了它的死刑。2707太受波音重视了，吞噬了太多的人才和金钱，它的彻底失败也把波音拖入了泥沼。幸好，这时波音还有另一个"失败"的项目在进行，而这个项目不光让波音起死回生，还再次改变了全球航空业，甚至改变了全球地缘政治。

四发宽体客机的诞生

在 2707 引人注目的时代，美国空军提出一个需求，开发一种体积更大、载货能力更强、航程更远的战略运输机，也就是 CX-HLS 计划。在经过筛选后，波音、麦道和洛克希德·马丁三家进入下一轮方案投标。在这个项目中，军方特别要求：当飞机硬着陆甚至坠毁时，货舱中的货物不能向前碾压驾驶舱，危及飞行员的生命安全。于是三家都拿出自己的方案，但波音并没有中选，洛克希德竞标成功，最后发展成了 C-5"银河"战略运输机。虽然波音失去了 CX-HLS 项目，但这还只是故事的开端。

波音 707 和 DC-8 的成功，让民航客机进入了喷气时代，舒适、快速的旅行让航空公司和旅客都尝到了不少甜头，而客户也对飞机制造商提出了新的要求。泛美航空总裁胡安·特里普又向波音提出，他们想要一款比 707 大两倍的客机，以解决当时飞机运力不足的问题，让旅客更加舒适。

别忘了，此时正是 2707 这个明星项目快速推进的时代，波音觉得，虽然市场对大型亚音速客机有需求，但需求也很有限，未来的客运市场应该属于超音速客机。于是，波音决定把落标的 CX-HLS 设计拿来改成客机，在 2707 投入商用之前，先当成一个过渡产品。而 CX-HLS 的底子可是一架超重型战略运输机，当客运市场被超音速客机占据以后，它还可以作为纯货机继续飞行，货运市场的时效性要求不像客运那么高。大部分货物都不差这几个小时。于是波音立刻上马了波音 747 项目，由他们的天才飞机设计师乔·萨特担任总工程师。而这位仁兄立场正好相反，从一开始就不看好 2707，觉得技术跨步太大，未来应该属于大型亚音速客机。

最初就态度强硬的特里普依然坚持意见——新飞机的客舱应该是双层，每层要有一条过道，大概就是把两架 707 叠起来那样。波音也不好反驳特里普这个大客户，技术领袖乔·萨特深知双层飞机的困难，于是大胆地做了一个单层双通道的客舱分段模型，展示给特里普看，并且表示双层飞机在紧急逃生时，二层的乘客因为太高，跳下来时会很恐惧（这点在 747 的二层确实应验了）。当特里普实际感受到这巨大的宽体客舱后，立即改了主意，觉得单层双通道是个好主意，就这么办了！于是，波音 747 后来也就成为世界上第一款投入商用的**双通道宽体客机**。

波音 747 的设计借鉴了英国运输机机头隆起的驾驶舱，就像个鹅头一样，这样做有三个好处。一是可以防止货物向前碾压驾驶舱。二是能实现一个从机头到机尾贯穿的货舱，以及机鼻翻起装卸货物的能力。三是驾驶舱后面的空间可以作为机组休息室，大幅改善机师的工作条件。

1965 年，乔·萨特正式接手 747 项目。1966 年，泛美航空订购了 25 架第一代 747。波音在 1967 年承诺泛美，新飞机要在两年后的 1969 年才能交付。原因是，别说那时 747 这款空前巨大的商用飞机还没设计成熟，就连能制造它的厂房都找不到！时间就是金钱，波音争分夺秒地推进项目，立刻在西雅图的艾佛利特·佩恩机场旁买了一块土地，建造了一座飞机工厂。这是一座传奇的厂房，至今依然都是人类历史上最大的飞机工厂，占地 310 万平方米，因为过于巨大，它甚至有自己的局部天气。由于时间紧迫，747 最初的生产流程和厂房建造是同步进行的，甚至 747 原型机开工的时候，厂房都还没封顶！真是一个疯狂的年代。因为 747 太过巨大和复杂，波音为此做出了很多新尝试。比如，在对飞机进行安全分析时，首次应用了**失误树分析方法（FTA）**，这一方法已成为今天可靠性工程学的基础；它还应用了 4 套互为冗余的液压系统和多柱式主起落架。

此外，初代 747 应用了当时十分先进的普惠 JT9D 大涵道比涡扇发动机，但普惠一直无法提供成熟稳定的产品，这对 747 最初的项目造成了不少影响。而且，由于这种发动机实在太大，飞机如果在某机场由于发动机故障无法起飞时，航空公司很难将备用发动机空运到这个机场，于是，747 被设计成可以自带一台备用发动机去救小伙伴。飞机左翼在接近翼根处可以多挂一台发动机，但是不能运行制造推力。没过几个月，747 原型机在 1968 年 9 月 30 日正式下线了，26 家订购了 747 的航空公司都参与了下线仪式，人山人海。

波音在短时间里为了 2707 疯狂烧钱，又买地皮又盖厂房，再加上 747 的开发制造费用，家底基本快掏空了，差一点就破产了，但最后还是被银行救了。1969 年，747 在巴黎航展公开亮相，同年通过美国 FAA 适航认证，获得了商业飞行的资格。1970 年 1 月，美国前第一夫人帕蒂·尼克松在华盛顿杜勒斯机场主持了 747 在泛美航空商用的剪彩仪式。当时的 707 只能飞不到 7 000 千米的航程，而初代 747 航程超过 8 500 千米，大幅提高了乘飞机出行的灵活度，使航空公司开通了更多直飞航线。

747 除了客机和货机以外，还有许多改型，比如，针对客流量较低的航线推出客货混型，以及专门为国土面积较小的日本定制的747SR短途型，都获得了相当高的市场认可。尤其是在超音速客机被判死刑后，747就更受重视了。由于它的驾驶舱在二楼，一楼最前面的位置非常安静，不会有机组人员走来走去，让头等舱旅客满心欢喜。747具备大翼展和大重量，本身又飞行十分平稳、安静，销路非常好，因此它不光救了波音一命，甚至变成了波音的"印钞机"。

747的二楼除了摆放座椅载客外，也有一些特殊用途。伊朗曾经买了很多架747，二楼不放置座位，而是布置成伊朗经济成果展览，可以让一楼的乘客上去参观。也是由于它优秀的性能，以707为基础的"空军1号"，后来也替换为747的特殊型号747-200B。今天，这代的美国总统专机也老了，即将被替换成最新一代的747-8，而且它本来是俄罗斯的订单，跑单以后被美国空军捡漏了。

747为宽体客机时代拉开了序幕，让我们的跨洲飞行更加舒适和便宜。它那隆起的标志性"鹅头"，也使它成了我们最容易辨认的飞机型号。

747作为一款巨型四发宽体客机，总产量超过1 500架，已经非常惊人了。时过境迁，今天747所代表的四发客机时代，已经渐渐离我们远去了，但因为它出色的货运能力，在今后很长一段时间里我们应该还能看到它忙碌的身影。

喷气发动机促使客机大幅提速，无论是旅客还是航空公司，都希望飞机飞得再快点儿。这也可以理解，看到军用飞机突破音障继续提速，民航业也认为这是未来的趋势。然而事与愿违，高不可攀的油价把民航的超音速梦砸得稀烂，本来在聚光灯下、舞台中央的协和客机最终沦落到黯然停产，而波音 2707 也是只造了个模型就胎死腹中。一架客机的设计寿命平均有 30 年，而一种客机型号寿命比它更长，所以在定义（提出技术指标和要求）一种新的客机型号时，就要求设计者对未来有较理性的判断，否则就算被客户一时追捧，也无法经受时间的考验，只能从云端坠落。而 747，这个活在 2707 阴影下的"过渡方案"，却因为优秀的定义而大放异彩，继 707 之后再次改变了整个民航业。

毫无疑问，一款新的飞机是应该领先于时代，可是，如果走得太超前，就不仅要面临更多的技术挑战与工程风险，还要考虑客户的接受能力，毕竟运营飞机的还是航空公司本身。每一次坠机事故，都会把航空公司推向风口浪尖，被各大新闻滚动播放。就算客户当下能接受，但他们以后几十年还能一直接受吗？值得怀疑。

一个飞机项目耗资巨大，回报周期极长，当面临这些不确定因素时，飞机制造商就会变得小心翼翼，极度保守，这也是你平时在机场见到的飞机，除了大小不同以外长得都差不多的原因之一。提到机场，下一章继续讲民航方面的重要知识，比如双发宽体客机、电传飞控系统等。

波音 747，"鹅头"隆起的大飞机（©pixabay/ 公版）

第七章

现代民航发展

引擎不转，乘客游泳

ETOPS: 让旅行更远更安全

　　一颗短周期彗星——哈雷彗星——每 75 年或 76 年到访地球一次，当它接近地球时，我们用肉眼就能看见。世界上几个古老文明都对它有过一些历史记载。当它在 1758 到访地球时，一个男童降生在夏威夷的高哈拉岛，据当地人传说，彗星照临大地时出生的卡美哈梅哈注定不凡，必然要统一夏威夷群岛。经历多年征战，1810 年，卡美哈梅哈一世终结了岛屿上各个部落的封建社会，建立了一个统一王国。国家建立后，更先进的社会制度、长久的和平带来了经济的繁荣，有了贸易和出口的刺激，夏威夷群岛中较小的岛屿在经济上开始追赶面积较大的岛屿。但是，到了 20 世纪中期，当民航客机带来大量的游客后，夏威夷群岛中的小岛和大岛之间的经济鸿沟却被再次拉大了，为什么呢？

夏威夷火奴鲁鲁市钻石山的风景（©coyotelang/ 公版）

我不是要讲什么"岛屿经济学讲义"，而是要讲一个与你我的安全紧密相关的民航规定。

言归正传，夏威夷群岛距美国本土航程远超 60 分钟，而且中间没有任何可以让大型客机迫降的机场，所以，想要从美国本土直飞夏威夷，必须要用昂贵的四发动机大型客机。小岛的机场既很难满足大型客机的起降和运营要求，也很难吸引如此多的游客，火奴鲁鲁（檀香山）几乎是唯一的目的地，这个现状一直持续到一项航空安全法规的修改。

根据国际航空安全法有关规定，只有两台发动机的飞机（以下简称**双发飞机**）在执行商业航班的时候，航线上的每一点距最近可供迫降机场的航程必须在 60 分钟以内。但其实，这项规定早已过时了，因为它主要是针对大型活塞螺旋桨动力的不可靠性而制定的，

　　　　　　　　　　　　如何离开地球表面

喷气发动机在出世时，就比活塞发动机有着天然可靠性的优势。

20 世纪五六十年代被广泛应用的普惠 JT8D 喷气发动机，有着非常良好的可靠性记录，因此，民航规定对喷气飞机就放开了管制——大于等于 3 台发动机的喷气式客机，可以不受这一约束，但是双发喷气飞机依然受到这 60 分钟限制。

本来需要绕路蹭机场的航线，如果使用三发或四发飞机执飞，就能够以直线飞行（现在世界上大多数飞机航线都不是直线）。而随着发动机性能的提升，三台先进发动机已经足以驱动大型客机了，而三发飞机又比四发飞机少一台发动机的维护保养成本。所以"封印"解除后，三发大型客机立刻像雨后春笋般被制造出来。

民航工业凭借航空发动机的高可靠性记录，再次说服了航空安全管理部门（JAA，即联邦航空管理局 FAA 和欧洲航空安全局 EASA 的前身），将双发喷气客机的这个可供起降机场的航程限制延长到了 90 分钟。

这就是**双发延程飞行规定**（ETOPS）的由来，其英文全称是 Extended-range Twin-engine Operational Performance Standards，又被同行戏称为"Engines Turn,or Passengers Swim"（**引擎不转，乘客游泳**）。

而 ETOPS 不仅影响着民航的版图，甚至左右着世界的格局。举个例子，夏威夷这种位于大洋中间的群岛，前不着村，后不着店，除了坐船就只能坐飞机。在当地经济和旅游业还不发达的时代，这么远的航班只能由大飞机来承担，但当地经济又支撑不了大飞机航班高昂的运营成本，那就没有游客来，没法发展经济，就更养不起

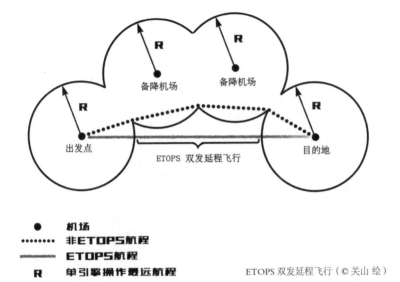

ETOPS 双发延程飞行（© 关山 绘）

大飞机；而坐船好几天才到，再玩两三天就回去了，这样度假太不吸引人了，这就陷入了一种恶性循环。自从有 ETOPS 之后，双发飞机也可以飞这么远，也能塞进更多乘客，当地就可以发展旅游业了。

这时候，有一家飞机制造公司最先抓住了这个时机，推出了划时代的**双发宽体客机**——A300，而这家公司大家应该也听说过——欧洲的空中客车公司（Airbus，以下简称空客）。

下面几节，我想通过耳熟能详的客机制造"两巨头"——空客和波音彼此竞争的历史，普及一些关于民航飞机的知识。我们先从宽体客机的鼻祖——空客 A300 说起。

如何离开地球表面

"万架空客生于波音之翼"

空客成立于 1970 年，由德国、法国、西班牙和英国原有的飞机制造商合并组建。毫无疑问，欧洲作为空客的老家，肯定是它的初始市场，所以空客的第一个型号，就主要是为了欧洲市场定义的。不同于美国，欧洲一些主干航线，比如巴黎—伦敦、柏林—罗马，客流量有所保障但距离并不远。空客为了这个距离不远、载客量大的市场，将飞机定义为宽体。因为空客公司首字母为"A"，这款新飞机的载客量又是 300 人上下，因此取名为"A300"。

欧洲航空工业在协和超音速客机项目的训练中获得了大量先进技术，还积攒了很多工程经验，其中很多技术和设计理念都被应用在这款 A300 上。它具备大量先进的配置：飞控和自动飞行系统、全电传刹车、风切变保护、超临界机翼，等等。而它最革新的一点，还是在于选择只用两台发动机，开启了民航飞机的**双发宽体时代**。

制造 A300 时，因为组装空客的飞机厂分布在整个欧洲，将庞大的飞机结构件凑在一起成了一个物流难题，结果空客想了个办法，用波音 377 改造成的"超级彩虹鱼"运输机来运输。所以民航业内有句话："万架空客生于波音之翼。（So many Airbus jets were born on boeing wings.）"

A300 客机比洛克希德三星 L-1101 三发客机体型小了 1/4，载客量相差无几，却省了很大一笔运营费，乍一看，A300 确实有着巨大产品优势，但以波音为首的美国飞机厂商也不傻，他们并没有承认双发宽体的潜力，所以没在第一时间下注。波音人曾经对 Airbus 的

空客 A300（©Pedro Aragão/ 公版）

名称讥讽道："什么巴士？这名字太土了，他们的飞机绝不可能拿到联邦航空管理局（FAA）的适航证！"说到这儿，我再插播一段业内笑话。当时美国在全球大型喷气客机市场占有统治地位，波音更是如日中天，面对"后生仔"空客，波音员工轻蔑地表示："我们国家习惯以创始人名字为公司命名，承载伟大，践行使命，你们的 Airbus 是什么意思，公交吗？这也算公司名？"而在空客日后成长为航空航天巨头、与波音两分天下时，他们也曾拿波音的名字打趣："Boeing，嗡嗡声？这词儿读起来怎么像零件故障的声音？"也算报了仇。

空客 A300 项目遇到的最大困难是没有配套的发动机，他们也

如何离开地球表面

自嘲"我们是在造全世界最大的滑翔机"。英国罗罗公司希望将本来为洛克希德三星 L-1101 设计的 RB211 发动机进行二次开发以适配于 A300，但空客为了讨好美国客户，打入北美市场，反而选择了为波音 747 用的美国本土发动机——通用电气集团（GE）CF6 和普惠 JT9D。当时还是英国国企的罗罗，在家门口淘汰出局，对空客极为不满，导致英国政府直接撤资退出项目。当时的西德抓住了这个机会，填补了资金缺口，也顺势提升了他们在项目中所占份额。

在空客公司成立两年后，第一架 A300 于 1972 年首飞，并于 1974 年取得 FAA 适航证，这时波音又表示不相信空客能在美国销出去。A300 刚刚获得商业飞行资格就陷入了第一次石油危机，油价暴涨 4 倍，飞机市场异常惨淡。A300 遇到了如此大的销售困境，空客每天烧掉大量资金，却制造着卖不掉的飞机。可如果一旦停产，很可能就再也没有重启的机会了。空客顶着资金压力维持生产，曾有 16 架制造完却没有人买的 A300 库存闲置在厂区，每天蚕食着空客近乎"九代单传"的现金流。空客无奈只能下血本，做大举营销，甚至免费借给美国东方航空 4 架 A300，让客户先试用几个月再决定买不买。

从客户角度看，美国的航空公司才没有什么思想包袱，管飞机的制造商叫什么呢，飞机经济可靠、能赚钱就行。空客的美国航空公司体验卡这个计划成功了，客户很满意，一次订购了 23 架，空客终于撬开了北美市场的大门。再加上 A300 在亚太市场大受欢迎，到 1981 年，空客总共卖出 300 架 A300，还有 200 多架储备订单。波音这时才看到 A300 的成功和双发宽体的光明未来，也祭出了自

"白鲸"特种运输机（©pixabay/公版）

己的大作——波音767。

　　如今，A300已经渐渐老去，我们很难再坐到它。但由于货机每天飞行小时数小、残值低，油耗不像客机那么大，对于航空公司来说节省成本，所以A300如今作为货机还是有很大保有量的，大家下次再在机场坐摆渡车的时候可以找找看，它的翼尖还是挺好认的。除了普通常见的货机，空客还将A300改装成我眼中最丑的民航机——"白鲸"特种运输机，一般用来运输不方便海运和陆运空客的大型飞机结构件。

　　A300是万架空客的鼻祖，后来空客又继续开发出更先进的缩短机身型号——A310，其采用的双人座舱、优化机翼和尾翼，航程也比A300大幅延长。作为双发宽体的祖宗，虽然不算家喻户晓，但A300一定程度上塑造了今天的民航业。如果没有当初成功押宝ETOPS，就没有空客今天的辉煌。除了A310以外，A330和A340

如何离开地球表面

的机身截面也完全继承自 A300，加上前面说的货运版，我们还是有机会一睹它的真容的。

飞机制造商保守，航空管理局更保守，毕竟他们所指定的安全规定，真的关系到成千上万旅客的性命。但是，过于保守无疑又会限制航空业的发展，ETOPS 就是一个航空管理局"适度灵活"的好例子。虽然一定程度上看似放松了飞机设计上的安全准则，但是这背后一定是有海量数据支持的，只有航空发动机表现出足够的可靠性才可以。而 ETOPS 规定再次改变整个民航业，在几十年后的今天，几乎所有在产的大型客机都只有两台发动机（包括中国商飞研发的双发窄体客机 C919）。对于航空公司来说，双发飞机可以减少购置或租赁飞机的资本投入，对于旅客来说，机票也相对便宜——我们可能只有在购票付款的那一刻，才能对此有所体会，但实际上，这些舒适和便宜，来自无数代飞机工程师的耕耘，没有任何一个人，能把这些功劳占为己有。

优秀的民航机 A320 家族

接着 A300、A310 的成功，空客在民航市场上又推出一款极具竞争力的飞机。20 世纪 70 年代末，欧洲各大飞机制造商开始在"欧洲联合运输"（JET）计划之下讨论制造一款先进的窄体客机，来替代美国的波音 737 和麦道 DC-9。这款飞机被定义为：必须搭载美国 GE 和法国赛峰 SAFRAN 的合资公司 CFM 生产的 CFM56，巡航速度要达到 0.84 马赫。这个计划最终落在了空客手中，成了后来的"单通道"（Single Aisle）计划：根据不同的座位数量分级，演化出机身长度各异的"A320 家族"。空客将基准型号 A320 通过缩短和延长机身，做出了更短的 A319 和更长的 A321。

面对当时已经成功且受到航空公司认可的美国竞品波音 737，空客必须将 A320 造得非常先进，才能吸引客户青睐。幸好欧洲人并不缺先进技术，作为"后协和"时代的欧洲客机，A320 毫无意外继承了众多协和超音速客机的先进设计，其中与竞品区别最大的技术就是电传飞控系统（前面提过）。

协和客机在当初是为了兼顾亚音速飞行和超音速飞行相互切换而专门设计了电脑控制系统。在空客 A320 飞机上，飞行员通过控制操纵杆，把希望飞机作动的命令交给飞控电脑，电脑再通过各种传感器得出此刻飞机的飞行状态，比如重量、攻角、空速、滚转角、俯仰角和偏航角；然后，飞控电脑算出一个控制舵面的作动幅度，舵面作动器再照此行动。

飞机的三轴运动（见第二章）都是彼此耦合并有延迟的，牵一发而动全身。比如，当飞机垂直尾翼向左打，飞机就会偏航，因为后掠翼右侧机翼比左侧机翼更正对气流，右侧升力大于左侧升力，飞机开始向左滚转。向左滚转后的飞机，由于升力方向和重力方向不再一致，又开始向左侧滑移。再比如，飞行员如果只想做一个简单滚转动作，就要通过脚蹬控制垂直尾翼，抵消偏航力矩，还要拉操纵杆控制水平尾翼，提高攻角以补充升力；又因为这个姿态阻力大，还得提高发动机推力，以抵消增加的阻力；而提高的发动机推力，又会提供一个抬头的俯仰转矩。以上这一系列运动，都是彼此耦合的，而飞行员只需要简单输入一个命令，飞控电脑就能帮他解决一切，自动控制所有舵面，做出最平稳最高效的动作。电传飞控系统，不仅大幅降低了飞行员工作量，还能减少飞行员的训练量。

不仅如此，同一架飞机在空载和满载状态下，重量差了一倍，飞行特征完全不一样，但有了电传飞控系统，就能让它在不同重量下，在飞行员手中实现完全相同的飞行表现。不仅同一飞机在不同状态下，甚至连同属 A320 家族的 A319 和 A321，也能实现几乎完全一致的操作。也就是说，A320 的飞行员几乎不需要额外的训练，就能无缝切换直接上手 A319 和 A321，此后，空客将这套思路应用在所有客机型号中，甚至让窄体客机飞行员轻轻松松就能改飞空客的宽体飞机（或者反过来）。这不仅给航空公司节省了大量训练成本，还提高了运营灵活性。反观波音，737 和 777 在操作上可以说毫无共同点，让 737 的飞行员改飞 777，要付出的成本远远高于让 A320 飞行员改飞 A330。

1987 年，A320 成功首飞，仅仅一年后就开始商业运营，当时，公众对于电传飞控还没多少信心，觉得飞行员手里的操纵杆跟飞机舵面没有机械连接很不安全。不幸的是，正好出现一场空难，加重了这种不信任感。

当时，一架刚刚运营的法航 A320 载着 130 名乘客和 6 名机组人员参加了一场法国航展。这是 A320 首次进行公开性能展示，本来计划飞机只是做一次低空飞越，结果在降低高度后来不及爬升，撞到了会场对面的森林，3 名乘客当场死亡。虽然这次事故主要是因为飞行员对电传飞控系统的操作不当导致的，但是依旧暴露出 A320

又短又萌的空 A318-100（© 维基 / 公版）

存在的大量技术问题。随着时间推移，A320 上所应用的技术越来越成熟，公众也逐渐忘记了这次灾难性的展示。

20 世纪 90 年代末，波音 737 第三代产品、中短机身的子型号 700 在美国的商业成功，令空客十分眼红，立即推出 A319 的缩短机身版——A318，结果只卖出 80 架，非常失败。超短机身的 A318 看上去有点呆萌，被戏称为"宝宝巴士"（Baby Bus）。

A320 家族本来有两个发动机选项，CFM56 和 V2500。但在 A318 身上，却用了降低推力的 CFM56 和普惠 PW6000。普惠曾在这个发动机项目中给予厚望，想借此回归利润丰厚的中等推力航空发动机（中推航发）市场，但事与愿违，A318 出于种种原因没能成功，

　　　　　　　　　　　　如何离开地球表面

PW6000 自然也是结局惨淡。但普惠后来更激进也更成功的中推项目，就是以 PW6000 为基础的，好像也不算太惨。这个我们稍后再谈。

即使 A318 失败了，但 A320 家族整体上依然非常成功，从 2006 年开始，空客在中国天津设厂生产 A320，由天津工厂总装的第一架 A320 于 2009 年首飞。

随着油价的上涨和航空发动机技术的长足进步，空客认为推出新一代 A320 并搭载更高效的先进航发的时机终于到了。新一代 A320 neo，以它的新发动机选项 new engine option 的缩写而命名。客户有两个发动机选项：CFM 的 Leap 和普惠 PW1000G。Leap 发动机集美国 GE 和法国赛峰的各种先进航发技术于一身，将传统两轴架构的中推航发做到了极致。

民用航空发动机技术发展到这一步，其产生的推力 80% 是来自风扇的。现代大涵道比涡扇发动机，更像是以一台燃气涡轮发动机带动一个推力风扇。既然如此，那么整机都要根据风扇的需求来优化，而优化的核心在于涡轮机工作中一个最重要的参数——**转数**。而现代的大涵道比涡扇发动机的瓶颈在于，风扇的超音速程度不可能无限增加，即风扇的周向速度无法再增加。这意味着，如果保持现在的风扇周向速度，风扇只能做得更巨大、转得更慢，所以，跟它刚性相连的低压涡轮也得变慢。根据涡轮机工作原理，涡轮机做功和转数成正比。这样我们就得到了一个更耗能的风扇和更弱的低压涡轮，用更小的马拉更大的车，这根本做不到啊！

普惠把低压涡轮和风扇断开，中间加入一个 3∶1 定传动比的齿轮箱，让低压涡轮转得更快，然后能装入体积更大、转速更慢的风扇。

这也就是 3 级的低压涡轮可以推动 12.5 倍涵道比的超大风扇的原因。要知道 GE90 只有 9 倍涵道比，而低压涡轮有 6 级。普惠进行风扇的重新设计，成了一个用铝合金做推力风扇的厂家。3 级低压涡轮转得如此之快，以至于工作起来就像高压涡轮，动力异常充沛。而齿轮箱带来的另一个好处就是，低压压气机也可以非常快速地旋转，大幅提高压气机效率，连高压压气机都省了 2 级。而总压比为 50:1，远超 Leap 的 40:1。说起来容易，做起来难。多少代航空动力工程师都有一个齿轮传动的梦想。为什么这么难呢？因为能留给齿轮箱的空间非常小，但可靠性要非常高，如果空中发动机停转可不是闹着玩的。

　　但最重要的还是功率，一台 PW1000G 的功率大约有 30 兆瓦，假如齿轮箱的传动效率有 98%，那么将得到 600 千瓦的废热功率，也就是 300 台洗衣机塞到这么小的一块通风不良的地方，同时还要满负荷工作。这么多的热量，不可能有效地被排掉，还同时具有极高的可靠性（这种会造成灾难性后果的部位部件，依据适航证要求，平均每 10 亿飞行小时中最多允许 1 次失效）。而且，假如发动机吸入异物，风扇后轴被击中，出现一点点的偏转，齿轮箱的效率就会骤然下降，产生的废热也会暴增。普惠工程师努力了几十年，最终做到了 99.8% 的传动效率，这个**定比周转轮系齿轮箱**，绝对算得上是一件工程学杰作了。

　　然而，即使是这样，还是有 30 千瓦的废热需要排掉。最初人类选择喷气式发动机的一个原因，就是其核心部位不带齿轮等机械结构，大幅提高了可靠性，而此时普惠又要在如此高功率的喷气式发动机核心部位加入齿轮模块，业内普遍不看好这一点。但是，随着普惠 PW1000G 的逐渐完成和优秀的经济表现，航空工业界还是接受了他们的技术路线。

重回中推市场的普惠，在以 PW6000 为基础的 PW1000G 项目中，应用了极其激进的齿轮涡扇技术，在低压涡轮连接低压压气机的低压轴和风扇之间加了一个定比传动的齿轮箱，大幅提高了涵道比、整机热机效率，降低了长度重量，还减少了零件数。PW1000G 和 Leap 这两款发动机都非常受欢迎，但是在航空公司的使用中，渐渐地发现普惠有很多不成熟的设计，因此 Leap 的市场占有率相比 PW1000G 有了压倒性的优势。尽管 PW1000G 不能说是一款极其成功的航发产品，但它证明了齿轮涡扇是完全可行的。这也给整个民航发动机市场打开了新思路，英国罗罗公司也是多年来积极开发大推力涡扇发动机中加入齿轮减速的技术。

A320neo 除了改进发动机，还改进了液压泵过热等问题。由于先进航发的动力强劲，A321neo 还解决了前一代 A321ceo 推力不足的问题。不仅推力够用，而且还有点富裕，空客还推出了通过增加额外油箱和起飞重量的长航程版 A321LR（LR 是长航程 Long Range 的缩写），航程达到了 7 400 千米。航空公司都比较喜欢那种拉长了机身并增加了航程的小飞机，而不是缩短的大飞机。在超长航程的窄体客机波音 757 停产后，中远程窄体客机就成了空白市场。A321LR 一经推出，广受欢迎。于是空客在此基础上又推出了再次增加航程的 A321XLR，起飞重量增加到 101 吨，拥有 8 400 千米的超长航程。这对于欧美跨大西洋的二线对二线城市航班非常有吸引

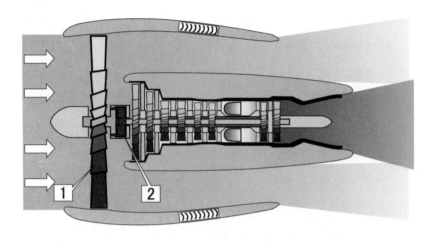

齿轮减速发动机原理，图中的 1 是风扇扇叶，2 是齿轮箱（© 维基 / 公版）

力，因为首先来自 A320 窄体客机家族的 A321XLR 售价和运营成本远低于宽体客机。比如，波士顿和曼彻斯特这样的欧美二线城市机场起降费，远远低于纽约肯尼迪和伦敦希思罗这样的一线城市机场，可二线对二线城市航班，够航程的大飞机又装不满，A321LR 和 A321XLR 完美填补了这个市场空缺。

毫无疑问，A320 家族是非常成功的窄体客机系列，其在 2019 年就以 15 193 架总订单数超过了波音 737 全系订单总和，成为销量最高的民航客机。大家一度认为 A320 的生命并没有结束，neo 以后还能再更新一代才会寿终正寝。但是，空客后来宣布将抛弃 A320 平台，设计一架全新的窄体客机来替代它。

双发客机成主流

从空客 A300 和 A320 以及波音 757、767 的成功来看，双发客机的地位已经确立，而将双发客机推向极致的型号又是波音的。在双发宽体客机 767 设计之初，波音还考虑过开发一种专门用于洲际长途飞行的三发版本 767MR/LR，但是因为和双发 767 差距太大，被赋予了一个属于自己的系列名称——777，但是并没卖出去，计划最终流产。

在波音的四发 747 和双发 767 之间，还有一个相当大的市场空间，在三发 767 被取消后，波音自家没有三发宽体，而以 MD-11 为首的三发宽体客机开始进入退役期，波音怎能眼睁睁放弃这个市场？于是，767-X 的第二次出现，是在 767 续上半截 757 失败后，波音再次尝试推出一款机身加长、翼展加大的 767 改型。更大的机身就可以容纳更多的乘客、更多燃油，带来更远的续航，但同时，这也就意味着更大的机翼、更强的发动机以及更粗壮的起落架，那这新架飞机跟原来的 767 还有什么关系呢？

波音的人想着，还不如做一架全新的飞机，不要总背着老设计的包袱。于是从零开始定义这架新飞机，甚至曾经考虑过和三发 767 类似的布局，甚至四发布局，但是最终由于运营成本问题，选择了双发布局，这也得益于当时航空发动机科技的进步，发动机的推力、可靠性、油耗都足以支撑一架双发的洲际大型宽体客机。与以往的新飞机项目不同，波音这次带着非常明确的目标——替代市场上的三发宽体客机。于是波音首次在飞机设计阶段就邀请众多航空公司参与，这些航空公司对市面上运行的飞机的性能了如指掌，包括优缺点、改进余地等。虽然平衡兼顾各家的意见十分不容易，但是这项"携手合作"（Working Together）计划，最终确定了1500项设计，最大程度上提升了777的产品竞争力，参与过这项计划的航空公司，当然也大多愿意掏钱买它。

作为一款全新的飞机，777不带有任何历史包袱，应用了大量最先进技术，这是波音首次在客机上应用大量复合材料，机尾段减重甚至达到了10%！另外，座舱内毫不意外地应用了彩色电视显示器和双人座舱。在777正式立项前三年的1987年，世界上首款全电传飞控亚音速客机——空客A320正式首飞了（首款全电传飞控客机是超音速的协和客机）。当时，航空业还不是特别确定这是不是未来的趋势，在"携手合作"计划中，美联航提出新飞机一定要有这个特性，777最终也成了波音推出的首款电传飞控客机。

777拥有当时客机中最优秀的空气动力学特征，它没有像其他机翼那样翘起的翼尖小翼，而是翼尖向后倾斜，这在大翼展的机翼上，比小翼更加高效。在后来的787和747-8的机翼上，都能看到777机翼的影子，但窄体客机737MAX则采用了浮夸的分叉式翼尖小翼。

在20世纪90年代，计算机技术已经获得长足的进步，波音动用2200台电脑，首次完全以计算机软件来设计飞机，这个软件，就是法国达索的CATIA，如今已经成为全球航空航天领域标准软件了。CATIA的应用，大幅缩短了777的研发周期，大大降低了研发成本。

　　　　　　　　　　如何离开地球表面

波音 777（© 维基 / 公版）

碳纤维风扇的运用

在 767 项目中，波音和日本航空工业界有了愉快的合作经验，于是在 777 中更进一步，其中 20% 的零件都是在日本设计制造的。由于推力的要求实在太高，而且获得 ETOPS 认证还需要极强的可靠性，为了降低整个 777 项目风险，波音邀请世界航发三巨头都来参与项目，普惠拿出增强推力版 PW4000，罗罗拿出 RB211 的后代产品 Trent 800，GE 则拿出了一款全新的航发杰作——GE90。

罗罗在 RB211 项目中尝试应用碳纤维风扇 Hyfil，但最终失败，原因是，虽然碳纤维风扇性能不错，但是一旦遇到发动机吸入异物就脆弱得不堪一击，导致发动机整个崩溃解体，不符合安全规定。而金属材料风扇则有着很好的韧性和塑形，不会立即崩溃、丧失全部推力。罗罗已经证明了碳纤维风扇是一条思路，但 GE 还是迎难而上，搞定了复合材料风扇叶片，拿到了发动机适航证，这其中的艰辛只有 GE 自己最清楚，而最终这些投入和风险都实现了回报。在今天，碳纤维风扇已经成了先进的航空发动机的标配，就连英国罗罗都在尝试碳纤维风扇，放弃其本来得意的"空心钛合金三明治"。

因为碳纤维重量轻，旋转时离心力小，所以可以做得体积更大，对中间叶盘的载荷也小；由于叶片轻，所以整个包容环也可以更轻，滚雪球似的提升性能。这三款发动机性能都相当优秀，都用了跨音速超宽弦风扇叶片，其外侧风扇在超音速区工作，内侧在亚音速区工作，中间隆起的那部分在跨音速区工作。内侧亚音速压气靠传统的流体转向，外侧靠超音速激波。

GE90 作为世界上第一款碳纤维风扇航空发动机，也成了最有辨识度的一款，俗称"黑风扇"（the Black Fan），因为它那极其符合空气动力学的优美曲线，还被纽约当代艺术博物馆收为藏品。777也顺利地拿到了 ETOPS-120 分钟认证，并且波音在开发 777 时已经说服了 FAA 提前颁发了 ETOPS-180 分钟适航认证。理论上，一种机型必须在 ETOPS-120 分钟认证下运营一年不出问题才有资格获得180 分钟认证，这等于是学习太好跳级了。

波音 777 于 1994 年顺利首飞，1995 年交付美联航进入商用。由于前期和航空公司一起设计，又把握住了双发宽体这个潮流，波

GE90-115b 发动机（© 维基 / 公版）

音 777 受到市场的热烈追捧。反观大西洋对岸的空客，作为第一个
抓住 ETOPS 做双发宽体的公司，这时反而对双发远程宽体畏首畏尾
了。为了保险起见，空客推出了一对双子机型，A330/A340。几乎
唯一的区别就是两台大推发动机还是四台中推发动机。双子其中的
A340 拥有更远的航程，且不受 ETOPS 限制，来占领远程市场。假
如 ETOPS 在继续发展，那 A330 也可以占领大部分市场，波音则完
全押宝在 ETOPS 上。最终结果大家都知道，波音赢了，777 成功了；
而 A330 因为设计之初要考虑四发 A340 的兼容性，所以没有优先选
择双发，因此 A340 最后只卖出了 380 架。

　　在 21 世纪初，波音为了回应法航而提出的一款增程型 777-
300ER 要求的机型——77W。此机型需要将起飞重量从 300 吨提升

波音 777X 上的可折叠翼尖（©Dan Nevill 摄／公版）

至 350 吨，发动机推力需求也大幅提高。在这个项目中，波音选择只保留 GE90 一个发动机选项，而空客觉得 GE90 的推力从 94 千磅提升至 115 千磅风险太大，如果 GE90 增推失败，则 77W 失败，这时全球超远航程的市场格局就会发生变化。A340 翻身的机会也就来了，于是空客抓住机会推出了民航史上最优雅的客机 A340-600，其航程达到 14 000 千米，与 77W 相当。

GE 公司在 GE90 增推项目中倾注心血，不断大幅修改设计，应用新技术，成功做出 GE90-115b 子型，成就了人类历史上推力最大的航空发动机，这也就直接判了 A340-600 的死刑。这时，一架 777 的发动机直径，已经和一架 737 机身直径差不多了，令亲眼见过的人惊叹。后来空客推出 A330 改型 A350 后的二次改型——

如何离开地球表面

A350XWB。波音为了对抗和维持竞争力，也拿出了777最新改型777X。相比于777，777X增大了翼展，为了让机场的运营方便一些，777X应用了民航史上首个**可折叠式翼尖**，是德国利勃海尔宇航的产品。其实，在20世纪90年代777项目初期，波音就提出过，但没有航空公司回应，于是作罢，现在是因为翼展太大，所以这一技术才"复活"了。

在777X项目中，波音再次考虑过提供不同航空发动机选项，本来罗罗的Trent发动机家族已经跃跃欲试，要主动增加推力适配777X。但这时，GE横插一刀，向波音777X项目注资5亿美元，买断了777X的发动机选项。波音一想，为什么跟钱过不去？就和77W一样又是GE独占了，这次GE自信满满，拿出了GE9X——人类历史上尺寸最大的发动机。

发动机发展到了一个极限，民航发动机话题我们也先说到这儿。在第二章我们讲过飞机稳定性的问题，随着发动机技术和速度的飞跃，我们先回到军用飞机，看看现代的飞机控制系统与飞机姿态的重要性。

一架 777X 上的 GE9X 发动机（©Dan Nevill　摄 / 公版）

如何离开地球表面

第八章

影响深远的技术细节

飞行杂技

飞机不稳定性与飞行姿态

望仙盘于云际，视高絙于坦途。俊轶鹰隼，巧过猿狙。衔多能于悬绝，校微命于锱铢。左回右转，即亟只且。嘈嘈沸渍，鼓噪歔欷。实倒投而将坠，旋敛态而自如。亦有佽僮赤子，提携叫呼。脱去裸裸，负集危躯。效山夒之踯躅，恃一足而有余……

——北宋·刘筠《大酺赋》

两千多年前就已出现的东方杂技，包含很多表演种类，其中的晃板、转碟、走索、走球和独轮车等项目，都要依靠表演者在长时间的训练中让自己的反射神经能够快速反应，并对处于不稳定状态的道具做出细微调整，以达到一种动态平衡状态，平衡越困难，表演也就越精彩。所有这些活动都有一个特征——**天然不稳定**（还记得第二章的小球吗？），不管是走钢丝还是骑独轮车，如果表演者停止修正动态，就会立即失去平衡，摔倒在地。杂技表演固然精彩，但是期待每一名飞行员像表演杂技一样开飞机，那不只飞行员自己没信心，乘客更没信心。

早在一战之前，航空工程师就认识到飞机的布局和飞行稳定性之间的关系，而且明白了飞机稳定性和操控性之间的关系：**越稳定的飞机越难操控，而越容易操控、越敏捷的飞机，稳定性也就越差。**而天然不稳定的飞机虽然飞行阻力低，而且极其敏捷，但是以人力是无法操纵飞行的，但是电传飞控，为航空工程师开辟了一条新的道路，依靠计算机来维持飞机的稳定性，飞行员的操纵命令通过计算机体现在飞机的舵面上，这不就可以设计制造天然不稳定的飞机了吗？

听上去，这些特征很符合战斗机的需求啊，事实也确实是这样。庞大的 F-4 "鬼怪" 战斗机和米格 -21 "鱼窝" 战斗机在越战中是空中的死对头。F-4 虽然更加复杂和强大，但是太大、太重，而且由于重量分散在各个部位，**转动惯量也很大**，在进行滚转时略显笨拙。而米格 -21 只有一架发动机位于机身内部，并将所有部位尽量聚集在机身中央处，这样就可以将转动惯量降到最低，所以 "一根杆" 造型的米格 -21，又被波兰人称为 "铅笔"。

在面对 F-4 的时候，米格 -21 优异的敏捷性让它占尽先机。在越战还没结束的时候，美国国防部就提出研制和采购新型战斗机的计划，该计划最终发展为 F-15 "鹰式" 战斗机。F-15 作为新一代战斗机，当然更强大，造价也更高。作为一款**双发重型战斗机**，虽然

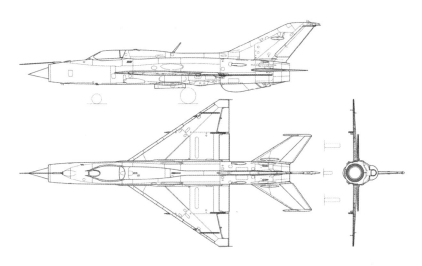

机头如铅笔的米格-21 设计图（©Kaboldy 绘 / 公版）

性能强大、火力充足，但它的敏捷性依旧无法与灵巧轻盈的单发战
斗机相媲美。在 1974 年，美国国会提出，再研制一架单发敏捷性战
斗机，不必像 F-15 那样达到 2.5 马赫极速，火力也没必要那么强，
但是机动性一定要非常强，成本当然也要尽可能降低。这个计划最
终发展为通用动力 F-16 "战隼式"战斗机。

　　**既然稳定性和机动性是互相矛盾的，那如何才能实现最好的机
动性呢？**

　　世界上第一架天然不稳定飞机就这么诞生了——F-16 的重心位
于飞机的升力中心后方，这样会天然地增加在飞行中受到的扰动，

F-15"鹰"战斗机（©维基/公版）

F-16"战隼"战斗机（©维基/公版）

如何离开地球表面

但同时也会天然增加飞机舵面做出的动作。为了让飞机维持稳定可控的飞行，F-16 装了 4 台飞控电脑，其中 3 台负责运算工作，1 台备用，F-16 就像美国国防部所期待的那样，机动性极强。

飞翼构型与隐形轰炸机

F-16 的成功，让一个古老的设想重新回到工程师的脑海——飞翼式结构（简称飞翼构型）。最初人类只看到鸟类靠翅膀就能飞，觉得自己离飞行只差一对翅膀了。但是，在不断的失败中，人类意识到，除了翅膀以外，还需要舵面来控制和稳定飞行，莱特兄弟的"飞行者一号"的成功，就是这一观点的最好例证。

但不管是鸭翼还是尾翼，或者方向舵、升降舵，这些空气动力学面控制飞行的同时，还会造成额外的空气阻力。而且机身也并不产生什么升力，只会造成阻力。如果把这些面都去掉，那是不是可以大幅降低空气阻力，飞得更高、更远呢？

这就是飞翼构型，即飞机除了一副机翼以外，没有其他空气动力学部分，甚至机身也融入了机翼中。一副厚厚的机翼可容纳飞行员、乘客、载荷以及燃油箱。最初造出真正的飞翼构型飞机的国家是二战中的纳粹德国，即由莱玛·霍顿与瓦尔特·霍顿两兄弟设计的 Ho-229。

霍顿兄弟选择这个奇特构型的原因恰恰是阻力，德国空军元帅戈林提出一项轰炸机计划，要求携带 1 000 千克炸弹，并且达到 1 000 千米 / 小时的超高航速，还要飞到 1 000 千米远的目的地。当时传统构型的飞机，没有能同时满足这三个过分要求的。大型轰炸机可以携带足够炸弹，飞得也够远，但速度达不到那么快，而速度够快的又携带不了那么多炸弹。

Ho-229 装备了两台容克斯 Jumo 004 喷气发动机作为动力，像 Me-262 一样，由于没有尾翼，飞行阻力非常低，航速估计能达到 1 024 千米 / 小时。由于二战后期纳粹德国物资匮乏，Ho-229 是用钢管骨架和胶合板机翼制造的，虽然第一架原型机首飞就坠毁了，但是它的飞行表现依然出色。然而，由于直到二战末期才完成原型机试飞，Ho-229 并没有什么机会量产服役。二战后，这款原型机被盟军缴获，我曾在华盛顿特区的史密森尼航空航天博物馆中见到了它的身影，让我惊叹的是，半个多世纪前的工程师，利用有限的资源，在如此短的时间内竟然能做出这种造型奇特的飞机，幸好它没能实用，否则会给反法西斯战争胜利造成一些阻碍。

无论身处战争中的哪一方，工程师的语言都是相通的。美国飞机设计师杰克·诺斯罗普也着迷于飞翼构型的飞机，早在 1940 年它的飞翼试验机 N-1M 就完成了首飞，并验证了诺斯罗普的飞翼理论。

在二战中，美国空军一直怀有一种恐惧：假如英国沦陷，美国在欧洲便没有可用的空军基地了，如果想要对德国进行战略轰炸，大型轰炸机则必须从美国本土起飞，跨越大西洋轰炸后再飞回来，而当时美国空军配备的所有轰炸机都无法完成这一任务。于是，一种可以实现从美国本土起飞轰炸德国再返回美国的超远航程轰炸机，就被提上了日程。因为飞翼构型的飞机飞行阻力低、机翼厚，可以贮存更多燃油，所以在较远航程上有不可比拟的优势。

如何离开地球表面

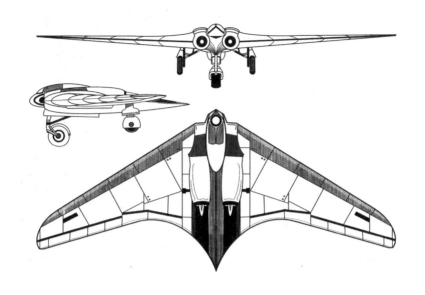

飞翼构型飞机 Ho-229 示意图（© 关山 绘）

诺斯罗普设计的重量不到 1.8 吨、体积小小的 N-1M，就此进化为起飞全重 95 吨的 YB-35 超远程战略轰炸机。最初，YB-35 配备了 4 台普惠 R-4360 活塞式发动机，每台发动机驱动两个转向相反的巨型螺旋桨，但这套动力组合一直暴露出可靠性不足的问题。诺斯罗普心生一计，改为每个发动机仅驱动一个螺旋桨，但是这样一来动力又不足了。于是，4 台普惠 R-4360 被替换为 8 台新款 J-35 喷气式发动机，初代喷气式发动机再次证明它比大型活塞发动机更可靠。

换装喷气式发动机后，YB-35 也顺势改名为 YB-49。在试飞中，YB-49 又暴露出很大的飞行稳定性问题。作为轰炸机，飞机的重量在轰炸前后会经历巨幅变化（因为炸弹被投出了），而且在短暂的轰

飞翼试验机 N-1M（© 维基 / 公版）

炸过程中，重心位置也可能会剧烈移动。飞翼构型飞机的稳定性非常特殊，几乎介于天然稳定和天然不稳定之间，它的重心和升力中心几乎是重叠的，一点点的重心位置偏移，就可能会使天然稳定变为天然不稳定，这对于轰炸机来说简直是致命的。

同一时期，波音航空工程师从德国航空工程师那里偷师到后掠翼技术，并应用在 B-47 亚音速轰炸机上，有了后掠翼，这架航速更快的飞机最终打败了 YB-49。因为美国空军认为，出其不意的偷袭轰炸，比长距离轰炸的战术更有效，即航速比航程更重要，所以人类建造飞翼构型飞机的梦想，就这样被搁置了。

诺斯罗普看着自己的心血付诸东流，而且无法忍受美军对自己的不公待遇，愤然离开了他一手创建的诺斯罗普公司和航空业。在

1976 年，81 岁的诺斯罗普身体状况每况愈下，他最终还是选择主动联系 NASA，表达自己对飞翼构型的信念。NASA 回复他说："经过我们的研究和实验，诺斯罗普先生的飞翼方案是完全正确的，它无疑是大型飞机上最高效的构型。"

其实，Ho-229 这款钢木结构的二战轰炸机，无意中点亮了一种新的飞机科技——隐身技术。它外形简洁、干净，没有尾翼和操纵舵面等复杂外部结构，雷达反射面积很小，实现了一定程度的隐身效果。在冷战中，雷达和导弹技术越来越强，如果飞机能隐身，突破对方的雷达导弹防空网，将会是无与伦比的战略优势，就这样，飞翼构型飞机又回到了工程师的桌面上。

20 世纪 80 年代，诺斯罗普被美国空军邀请出山，设计一架隐身的飞翼构型超远程轰炸机。这个计划最终开花结果，即 B-2 幽灵战略轰炸机。170 吨的起飞重量，航程达到了 11 100 千米，为了实现隐身，B-2 全身融入了当时一切能用上的新科技，最终，这么庞大的一架飞机，在雷达感知下就像一只鸽子一样，隐身性能竟如此之高。而前面提到的飞行稳定性难题，也在最新的电传飞控技术面前迎刃而解。在 B-2 身上，我们能非常清楚地看到诺斯罗普 YB-35 和 YB-49 的影子，而已离开航空业 20 多年的杰克·诺斯罗普，被允许查看绝密的 B-2 设计和模型。看到和 YB-49 同为 52.4 米翼展的 B-2 正在开发，并且将被重用，诺斯罗普在一篇采访中说道："现在我知道老天为什么让我多活 25 年了。"10 个月后，诺斯罗普离世。

本来针对苏联而设计的 B-2，还没等到服役，苏联就解体了，原本预计 132 架的采购数量削减为 21 架。大幅削减采购数量又造成了

B-2 隐形轰炸机（© 维基 / 公版）

单价飙升，最终，B-2 的单价达到了令人咋舌的 24 亿美元（以 2009
年币值计算）；而在最初装备时，一架 B-2 的价值甚至比同等重量的
黄金还要贵两三倍。如此昂贵的飞机，除了机库和维护保养工作非
常特殊以外，每一架 B-2 都有一个属于自己的官方名称（就像航天
飞机一样）。自 1997 年服役后到现在，除了因为传感器失灵导致的
一次坠机以外，其他 20 架都没有受损，主要原因还是太贵了，不舍
得投入战争，而且也没必要。如今，在油价高起和环保主义盛行的
趋势下，飞翼构型飞机因为低阻力、低油耗的特点，又开始被考虑
应用在民航领域。

　　　　　　　　　　　　如何离开地球表面

轮辐式航线与巨型客机

军机往往追求极致的性能，其他一概不管，但民航飞机除了追求经济性以外，还有安全和法规等方面的考虑，所以新型号的民航飞机，依旧还是在传统布局的基础上持续优化和应用新技术的。

21世纪初，空客首先提出：民航的未来，是乘客先乘坐小支线航空到大的枢纽机场，再乘坐巨型飞机到达目的地附近的枢纽，再坐支线到达最终目的地，也就是**轮辐式航线网**。于是，巨型客机空客 A380 项目上马了。

保证经济性的情况下，双发宽体客机的极限几乎就是波音 777 了。因为结构重量和后勤压力等情况，三发飞机民航客机此时已经被时代淘汰，根据空客的计划，如果再大就只能是四发飞机了。最初，空客计划将两架四发宽体客机 A340 的机身并排合体，形成超宽的舱内空间。同时，他们也评估了很多其他方案，最终 A340 并排合体的方案被否决，上下双层的布局方案胜出。

2000 年 12 月 19 日，空客正式将 A3xx 项目推进一步，赋予其正式代号——A380，并投资 88 亿欧元。不到 5 年，庞大无比、自分一级的 A380 于 2005 年初出厂，同年 4 月首飞。还未达到最高起飞重量的 A380，首飞就打破了客机起飞重量世界纪录，达到 575 吨。在 2006 年 3 月进行的紧急疏散测试中，853 名乘客和 20 名机组人员在 78 秒内成功全部撤离。因此，最终 A380-800 的最大载客数就此定格在 853 人。在进行全面测试并通过了所有适航性考试后，2006 年年底，A380-800 得到了 FAA 和 EASA 颁发的适航证，理论上可以进行商业载客运营了。

A380 的众多优点都跟它巨大的体型有关，但巨大的体型同时也带来了很多新问题。由于 A380 的尺寸太大，航空公司塞不满乘客，上座率不高，直接造成无法完成预计收入额。也是因为 A380 的巨大尺寸，带来了更强的涡流，机场需要为 A380 的起降留出更长的净空时间，防止"堵飞机"。因为乘客太多、行李也多、油箱又大，A380 在地面停的时间比其他型号也要更长，降低了每天平均飞的时间（轮挡小时）。坐过 A380 的朋友应该感受过，等行李时间比别的飞机更长吧？民航飞机只有飞行的时候才赚钱，停在地上的每一分钟航空公司都是亏的。而且 A380 因为尺寸大，对机场设施也有更高的要求，只有在 4F 级机场才能起降作业，这也在一定程度上拒绝了潜在客户。

而限制 A380 的最大原因，可能还要数它所配套的发动机。最初空客希望罗罗、GE 和普惠三家各拿出一个型号，一共 3 套方案。然而 GE 和普惠因为唱衰四发宽体市场而拒绝参与，最终空客以其他项目合作来威胁，才使得 GE 和普惠合作开发了一款发动机GP7200。

而罗罗的生意经是，只要有宽体机项目就一定要参与，而且Trent 家族三轴架构中，低亚轴不压气，可以更自由地缩放尺寸，研发成本低于传统两轴架构发动机。最后罗罗拿出了 Trent 900。在此后的新飞机项目中，GEnX 和 Trent 1000 发动机相比于 A380 的发动机有了长足的性能提升。空客直呼"被发动机供应商给坑了"，而GEnX 的低推力子型号也是波音 747-8 的动力。

体型巨大的空客 A380（©pixabay/ 公版 ）

　　在 2007 年刚开始交付的 A380，仅过一年就遭遇了由全球金融危机引起的民航客机市场冷却。而作为竞品的波音 747-8 的交付，使得 A380 难上加难。从 2014 年开始，一直就没有什么新订单，近几年 A380 停产的说法一直就没停过。而第一架交付商用的 A380，在新加坡航空 10 年租约到期后并没有被续约。在法国停了一段时间后，仅仅 10 年机龄、正当"壮年"的飞机沦落到被拆解、卖零件的下场。阿联酋航空是 A380 最大的客户，接收了近一半的产量作为自己的旗舰机型。他们最不希望 A380 停产，因为停产会造成此型号飞机残值断崖式下跌，对阿联酋航空资产造成巨大威胁。2018 年 1 月，阿联酋航空向空客再次订购了 36 架 A380，以维持生产线低速运行，想必空客是给出了巨大折扣。在此期间，阿联酋航空希望空客可以开展 A380neo 项目，换上效率更高的发动机，但是换发需要的研发预算和市场预期，空客认为不划算，又拿出了 A380plus 子型号，改进了翼尖小翼。其实，对于 A380 这么大翼展的飞机，靠削弱翼尖涡流能省的油已经极其有限了（在空气动力学中，理论上讲无限大的翼展完全没有翼尖涡流）。阿联酋航空并没有买账，事实上根本没有一家航司买账。A380 产品线由于亏损，最终抵不过经济规律还是停产了，而阿联酋航空将大部分订单转为空客新型号双发宽体机。

随着商用航空发动机的技术发展，双发客机越来越安全，而四发宽体客机的安全性优势渐渐失去，又因为其发动机的维护保养成本居高不下，以后也会越来越少。大洋上的天空终将属于新一代双发宽体客机，这才是波音和空客在宽体机领域的主战场。从商业上看，A380 项目确实是个失败的项目，但这属于后世之明了。空客的精英工程师、为 A380 项目融资的银行家，都在项目初始进行过正面决策。虽然 A380 黯然收场，但是它的诞生，对整个欧洲航空航天产业是一场试练，在这个项目之下，各种先进技术得以被开发和应用，这些在后来的重要项目中都发挥着巨大作用。在 A380 以前，空客公司的业内形象一直不如波音。在空客通过 A380 向人们展示了实力，大幅提升了自己的形象之后，波音、空客"双巨头"的行业格局才确定下来，这就是旗舰产品存在的意义。

同样是在 21 世纪初，空客的老对手波音对未来民航市场提出了截然不同的愿景。不同于空客的轮辐式航线网，波音认为民航的未来是"点对点"，流量不大的二线城市之间可以直接飞洲际航班。早在20世纪90年代，波音就提出了"音速巡航者"计划，这款长相怪异的客机，能够以0.98马赫（接近音速）巡航，超过现有客机的0.9马赫。不过，代价是多消耗15%—20%的燃油。这对于旅客来说，可以更快到达目的地，对于航空公司，可以在同样时间内飞更多往返航班，多卖几遍机票。在"9·11"事件后，航空业骤然遇冷，面对资金不足和对油价上涨的预期，波音将这一计划改为更加保守与高效的传统亚音速客机，代号为7E7，其中E代表高效（Efficiency）。7E7也就是今天的787的原型，而787又被称为"梦想客机"（Dreamliner）。787将777的超临界机翼做了进一步现代化改造，使其更为高效，并大胆地将应用复合材料使用比例提高到50%。碳纤维不同于铝合金，这东西不导电，在雷击面前脆弱不堪。所以，787的碳纤维编织中专门加入了金属网来防止雷击。此外，787的复合材料中还埋入了光纤以检测机身状况。除了先进的复合材料以外，还增加了钛合金的使用。因为碳纤维的材料特性，可以在保证机身强度的同时扩大窗户，而且用碳纤维制造的机身结构不同于铝合金，飞机对客舱内的湿度耐受性更佳。这样便能略微提升客舱湿度，提高舒适性，而不必担心潮湿空气产生的冷凝水进入机身结构成为死重或者损坏电气设备。比如一架铝合金机身的波音747退役时，其机身结构中变成死重的冷凝水竟有2吨之多。

787的机头气动外形也更加流线化，而更新已经存在的机型，是无法修改机头气动外形的。因为这样就得改动驾驶舱，飞行员也得重新培训，而这会给航空公司带来大量运营成本，不会有人买账的。

比 A380 晚出生的 787，在发动机选项上可谓占尽天时。GE 的 GEnX 和罗罗的 Trent1000 作为 787 的两个发动机备选项，都是非常高效先进的，比早几年 A380 的配套发动机 GP7200 和 Trent900 都要先进一大块。而 GEnX 则可看作一架经过现代化改造、缩小减推力的 GE90。两款发动机的外壳都装了锯齿形喷嘴（chevron nozzle），降低了排气噪声，提高乘客乘坐舒适性（经常买到发动机后侧座位的朋友们对此深有体会）。而且，787 还史无前例地允许飞机随时更换其他型号的发动机。这两款发动机有着相同的标准接口，相互兼容。787 的客舱也换了更高效的 LED 灯光。从乘客角度看，它最有辨识度的就是客舱内的窗户了，不光宽大、视野好，还能自动变色遮挡阳光。不同于其他飞机窗户上的遮光板，787 的玻璃采用了应用电致变色原理的玻璃，可以说很有科技感了。但是，从航空工程师角度看，787 上最革新的技术，还是它的**更大量电气化设计理念**（more electric aircraft，MEA）。例如，它的制动系统使用的是**电驱动**，而非以往的液压驱动，机内数据传输则是通过计算机局域网（这两点听起来就很先进）。它的最大的亮点是，客舱进气不再来自发动机压气机抽气。

传统喷气式客机的客舱进气，都是来自发动机压气机的抽气，不可避免地会掺入极少量飞机发动机轴承润滑油的蒸气。就像最早的蓖麻油一样，这东西也有一定毒性，虽然剂量小，但是能避免也是极好的。另外，飞机表面除冰，例如机翼的除冰工作，同样得靠发动机抽气；但 787 改用电加热了，效率更高。除了发动机进气口除冰以外，787 再没有什么地方需要发动机来抽气了，这就避免了

波音 787——梦想客机（©Steve001/ 公版 ）

抽气导致的发动机效率下降。客舱进气则依靠一套复杂的空调系统，这套系统使得客舱气压更高（更接近地面气压），配合飞机其他系统设计，湿度也更高。舱内气压稳定、干湿平衡，乘客的舒适性就会大大提高了。

787 应用的先进技术远不止上面提到的几种，但这些技术也足够撑起"梦想客机"的名号了。但作为民航从业者，我觉得"梦想"一词还有另一层深意。

一般而言，执飞远程跨洲航班的飞机，尺寸都是很大的，载客量多，而二线城市的跨洲航线不容易满载，所以航空公司肯定不愿开这种航线，但 787 的出现改变了这一点。我用其中的 787-9 型号举个例子，虽然它的三级布局仅有 260 座，但航程却远超同级别的客机，达到 15 000 千米；而比它略大的空客 A330，航程只有 11 750~13 450 千米。787 系列的座位少，容易满座，两台发动机维护成本又低于四台，而且效率很高。每座油耗并没有因为飞机变小而上升，反而能低于市场上其他更大的机型。这样就能实现二线城市跨洲直飞的"梦想"了（比如，沈阳—法兰克福），航空公司也能赚到钱了。开辟跨洲航线，不仅能提高城市的国际形象，还能增加国际之间的经济往来，跟"要想富，先修路"道理差不多。因为这些二线城市的经济往往不足以支撑大型客机的定期航班。787 这么小的宽体客机，却能实现如此大的航程，它的成功不仅归因于先进技术的支撑，更有它精准的市场定位和顶层设计定义的功劳。（我曾在查尔斯顿波音的新工厂看过 787 系列尺寸最大的 787-10 首飞，也算见证了一段历史。）

历史悠久的波音所设计制造的客机，在业内以可靠耐用而著称，但一家历史悠久的企业同样也背负着沉重的历史包袱。在波音的产品线中，越新的飞机型号，毫无疑问会装备越多的先进科技，但是这同时也造成了新型号和老型号的技术差别日渐拉大。首飞于 1967 年的波音 737，如今已经更新到第四代 737MAX。为了方便旧型号的飞行员驾驶新飞机，2016 年首飞的 737MAX 不得不沿用半个世纪前的老旧设计，而那些应用于更早的 787 上的先进技术，也就与 737 无缘了。作为航空工程师，眼看着有成熟先进的技术不能用，却要用那些"考古"得来的老掉牙的技术，多么令人沮丧。

空客对波音来说有一个巨大的优势。1987 年首飞的 A320 家族，已经应用了大量先进技术，而且拜电传飞控技术所赐，空客的工程师可以让不同尺寸、不同装载状态的 A320 家族飞机表现出完全一样的飞行特征；甚至可以跨机种，让宽体机 A330、A350XWB 甚至 A380 做出与 A320 非常相似的飞行特征。对于飞行员来说，只需要做少量培训便可以驾驶另一型号的飞机，航空公司只需花费很低的成本，提高了运营灵活性。而当一个波音 737 的飞行员转去飞波音777，则需要进行大量昂贵的培训。此外，空客刚刚成立之时，全球喷气式客机市场已经具备一定规模，相对成熟，面对这样的市场，空客也更容易将产品定义得更精准，这是空客"后发优势"的另一个体现。

无论是空客还是波音还是其他飞机制造商，最初都是为了我们乘客的未来着想，想尽早定义、开发出下一代客机，占领下一个市场，实现下一个梦想。或许，科幻作品中那些超乎人类想象的飞行器，也不再是天方夜谭了。

第九章

未来航空畅想

明天，我们会坐什么样的飞机

从新航路到新航线

1501 年，葡萄牙帝国首都里斯本，整个城市都沉浸在热情的狂欢中。作为社交名流，威尼斯大使的脸上表现出深深的恐惧。威尼斯共和国不耕种、不渔作，完全凭借地中海贸易立国，在短时间内积累了令人震惊的财富，但如今却轮到威尼斯人震惊了。

就在前不久，一支由 7 艘帆船组成的舰队开到了里斯本港口，船上站满了精疲力竭、思乡心切的葡萄牙水手。一年多以前，这支舰队出发时还有 13 艘船和 1 200 名船员，这对处于欧洲边缘的贫穷小国葡萄牙来说，已经倾全国之力了。让威尼斯人恐惧的当然不是这些奄奄一息的水手，而是其中 5 艘船满载的香料——来自印度的香料。它们的价格低得让威尼斯的贸易网络毫无招架之力。

葡萄牙位于欧洲大陆的边缘，虽然靠海却靠错了的方向，土地贫瘠、资源匮乏，但其在大航海时代中却能成功逆袭，依靠最新的地图学、航海术、阿拉伯三角船帆和各种航海仪器探索海上世界。当然，其中最重要的是恩里克、迪亚斯和达·伽马等几代海上探险者不停的投入、牺牲、磨炼技艺。最终成功开辟的新航道，打破了威尼斯和中东国家在欧洲与印度之间的贸易垄断。威尼斯因而迅速衰败，速度甚至比它崛起时还要快；奥斯曼帝国也失去了经济支柱，从此一蹶不振。辉煌的亚历山大港和繁荣的阿拉伯驿站，再也没见过那么多的桨帆船和骆驼商队。而对于其他欧洲人来说，来自东方的货物如今以极低的价格就能买到，当然沉浸在幸福的喜悦当中。而最喜悦的人还要数葡萄牙国王、"幸运的"曼努埃尔一世，葡萄牙在他统治期间从一个欧洲边缘小国一跃成为富有的贸易中心。东印度的财富涌入里斯本，他的政治地位当然也是水涨船高。

　　时至今日，虽然航海依然是最重要的贸易渠道，但占世界贸易总值 35% 的货物已经改为航空运输了。而在长途客运旅行中，航空几乎垄断了市场。现在乘坐邮轮出行，与其说是交通方式，倒不如说更像消遣娱乐。从活塞螺旋桨到大涵道比涡扇，从木架帆布到全碳纤维，一百余年里的航空技术发展塑造了我们如今的生活方式。在此前几百年，洲际旅行还仅仅是属于勇者的冒险，而现在仅仅是一种度假方式。在超市的冰柜中可以看到澳洲的海鲜和南美的水果摆在一起，就像刚刚从产地收获的那样新鲜，这在一百年前是无法想象的。站在机场，看着一架架的飞机平稳起落时，会想到是它们连接着我们的世界，是它们实现了上述的一切，更重要的是，就像那些海上探险者一样，航空先驱为此付出和牺牲太多。但从波音 707 开始到今天，民航飞机外表乍一看并没有太大的变化。相信你读到这

葡萄牙航海家达·伽马（© 关山 绘）

里，已经大致了解了现代喷气式客机是如何一步步进化的。那么站在今天向前眺望，未来的民航飞机又会如何飞翔呢？

超音速公务机

20 世纪 70 年代，苏联赶工而成的超音速客机——图 -144，在仅仅完成 55 次航班后就黯然退役。协和客机虽然技术成功，商业上却因高昂的成本而失败。从协和退役至今，超音速飞行可以说已经彻底退出民航业了。但是，技术发展的量变，总有引起飞行速度质变的一天。

其实，超音速公务机（客机）概念已经存在很多年，不是什么新想法。说到干线客机，无论是宽体还是窄体，因为巨大的尺寸的限制，所以设计制造上面临的技术风险也过大（就我所知，还没有哪家公司想再次挑战超音速干线客机）。但是，财力雄厚的 VIP 乘客却愿意为缩短旅行时间和脸面而买单。

超音速民航飞机面临着这样几个障碍：动力、成本、噪声。全世界讨论超音速公务机很多年，也有不少创业公司拿出过自己的方案，但这一切都差了那缺失的一环——发动机。航空发动机如今复杂、昂贵，研发制造成本极高，绝不是单个创业公司就能攻克的。如果航空发动机制造巨头不下场参与，超音速民航永远都是空中楼阁。

那能不能用本来就能超音速飞行的战斗机发动机呢？答案是不能。军用发动机和民用发动机几乎是两个世界，工程上的挑战是完

苏联超音速公务机　图-144（©NASA/公版）

全不同的。尤其是在冷战结束后，军机对民机的比例呈断崖式下跌，又在持续下降；再加上油价上涨，军机对性能也有硬性的高要求。而民机向来追求低油耗、低维护成本，其对可靠性、安全性的需求是刚需。在超音速公务机领域领跑的创业公司 Boom 曾表示，绝不会把战斗机发动机装在自家的公务机上。2017 年，这一僵局终于迎来了重大转机，发动机巨头 GE 发布了一款专为超音速公务机设计定义的涡扇发动机 Affinity。

　　单纯追求超音速性能的涡轮发动机，一定是没有外涵道的涡喷，附带（或不带）有加力燃烧室。现代战斗机显然能以超音速飞行，但一般都是用小涵道比的涡扇配上加力燃烧室，因为它们不是单纯为了超音速飞行而定义的。而针对亚音速飞行进行极致优化的涡扇，涵道比一般都很大，这样一来速度就上不去。

Affinity 发动机的定义是，巡航高度为 60 000 英尺（约 18 000 米，而亚音速喷气客机巡航高度只有约 10 000 米），在海上是超音速，在陆地上是亚音速。所以这个型号并不是单纯为超音速而定义的。Affinity 的内外涵道喷口用不同的形状来增加喷嘴周长，让高速与低速气体更温柔地融合。这样一来就降低了**流体剪力**，也就降低了飞行噪声。但是，这也提高了**流体阻力**，因而降低了效率。由于小涵道比涡扇的喷气速度远高于大涵道比涡扇，因此只有更激进的降噪手段，才能符合民航业日益严苛的噪声标准。因为在协和客机时代，人们在它飞过头顶以后才意识到了巨大的噪声问题，因此禁止协和在陆地上以超音速飞行。Affinity 所搭配的超音速公务机——Aerion AS2，其本身的定义就是在陆地上亚音速，到海上才会进入超音速，那么它所搭配的发动机，当然不能单纯追求超音速性能。尽管有波音、GE 等大厂在背后技术支持，但 Aerion 还是因为现金耗尽而停止了 AS2 的研发，它所搭配的发动机 Affinity 项目也随之停滞。

GE 在 Affinity 上所应用的技术只是降低了发动机所产生的噪声，而在超音速飞行中，飞机本身产生的噪声呢？空气动力学从协和客机时代发展到今天，也有了长足的进步，不论是超音速公务机制造商还是科研机构，都有大量降低超音速飞行噪声的技术，比如，NASA 的"安静超音速"技术验证机 X-59。它将于 2022 年首飞，现在它的机翼结构已经完成总装。

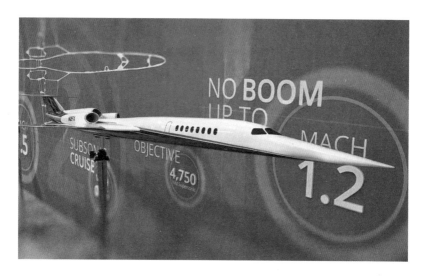

超音速民航机 Aerion AS2（© 保罗·汤普森摄 / 公版）

前面说过，最终打败协和客机的并不是那起事故，而是过于高昂的成本。由于产量只有 20 架，平摊到每一架上的开发成本就十分可怕了，再加上不菲的维护成本和恐怖的油耗，即使票价远超亚音速客机头等舱，协和依旧无法盈利，最终只能在机身寿命将近时选择退役。那么 21 世纪的新一代超音速公务机，将如何克服成本问题？

现在计算机模拟技术和实验室测试技术的强大程度是协和那一代工程师做梦也想不到的，这些会极大幅度降低开发成本；而且今天民航工业的成熟度也可以降低生产成本，于是这门生意就进入了良性循环：以低售价实现高销量，而高销量将每一架飞机上的研发成本摊得更薄，这样售价就能更低。由于现代航空技术的进展，可大幅降低超音速飞机的运营成本，票价也能压低到和亚音速客机的公务舱差不多，甚至乘坐体验也差不多，只不过速度翻了两倍不止，从纽约到伦敦只要三个半小时。如今，以 Boom 为首的超音速公务机厂家，已经拿到了很多来自不同大洲的航空公司的订单。

我认为超音速公务机仍有很好的前景，尽管 Aerion 和 Affinity 项目遇到了困难，进入停滞（就在 2021 年 5 月底）。但是大势所趋，我相信超音速公务机依然会在不远的未来实现。

另外，超音速公务机投入商用或者大面积投入商用，将会对如今的民航市场产生巨大的冲击。今天的全服务型航空公司的头等舱，因为成本太高，所以利润其实并不高，经济舱甚至没什么利润，所有收益几乎都来自商务舱。直白一点就是商务舱乘客在为经济舱乘客买单。假如以后这些商务舱客户改去乘坐票价相当却快了一倍的超音速公务机，那航空公司再像以前一样运营亚音速客机，将彻底无利可图。它们的解决方案无非是再整体涨票价，但经济舱乘客又对票价比较敏感，高票价必然带来低上座率，这样就会导致票价更高或者航线停飞，陷入恶性循环。也许到那时，飞行将再次变得像百年前那样奢侈（希望是杞人忧天）。

翼身融合体民航

在亚音速民航领域，飞机的发展方向当然是继续降低油耗、提高经济性，除了改进空气动力学以外，还有大规模应用碳纤维等新材料。但除了这些"小修小补"的改进以外，民航界一直在讨论如何将最高效的飞翼构型应用于民航，毕竟飞翼构型上最顽固的飞行稳定性问题，如今已经被强大的飞控电脑制服了。为了增加舱内空间，还需要一个机身，而将机身和机翼融为一体，就是**翼身融合体**。关于这一概念，民航界提出的设计方案数不胜数，个个看上去都那么优雅而先进，不仅空气动力学更高效，油耗更低。翼身融合体民航机的客舱也不再是管状的，而是一个开阔的大空间，无疑会提升乘坐体验；而且这么大的空间，当然就可以搭载更多的乘客，再次提高了经济效益。

然而，翼身融合体民航机还有一个无法逃避的问题：紧急逃生。假如一侧在紧急事件中被异物挡住，大量乘客在宽阔的客舱内，需要在 90 秒内仅从一侧舱门紧急撤离。对这种结构来说，这几乎是不可能完成的挑战。当然，还有其他一些小问题，比如，当飞翼构型的飞机进行滚转动作时，坐在外侧的乘客会感受到异常强烈的失衡感，而坐在座舱中间的乘客也没有窗户用来观景。不过跟紧急逃生比起来，这些都是次要问题。

如果在客运上不好走，翼身融合体在货运航空领域也许能崭露头角，毕竟它不用考虑货物的舒适性和紧急逃生，只要保证飞行员在紧急情况下能安全逃生就行了。这看上去很美好，但是考虑到航空货运的经营模式就没那么好了。客机每天在天上连续飞 10 个小时是常态，而货机的常态是每天飞两三个小时。相比于油耗产生的成本，货机运营者更在意这些昂贵的飞机在地上时每天的残值下降产生的成本。也正是因此，有相当大比例的货机都是由"上了岁数"的客机改装成的，购买全新的货机并非货运公司的首选，除非有几条远程货运干线可以撑起这架全新的货机，不停地飞，以低油耗经济性

翼身融合体民航机概念图（©DLR）

抵消新飞机的快速残值下降。所以，对主流的货机来说，油耗也不是优先考虑的问题，反而是残值：一架全新设计的飞翼构型货机，与已经服役 20 年的二手客机相比，肯定是没有价格优势的。

不光是航空界，任何人都无法预测油价的走势，假如某天油价飙升得太离谱，这些高效却昂贵的新飞机便会有出头之日。

混动和电动飞机

在主流的亚音速民航客机发动机领域，由普惠最先提出的齿轮减速涡扇发动机，如今几乎已经是业界标准；罗罗也在德国开始研发自己的齿轮减速技术，到目前为止成果喜人，验证机也已经在研制阶段。而三巨头之一的 GE 将会拿出什么优秀作品还是未知数，但是目前受累于整个 GE 集团的经营状况和航空业现状，他们也没有太多的资源投入航发新技术的研发。幸好 GE 在航发领域 3D 打印加工技术和超耐高温涡轮材料上，已经取得了不小的成功。

在航空动力方面，近几些年出于环保，又出现了一个新的趋势。面对日益严苛的环保标准，汽车行业在几十年前就开始进行混合动力（混动）技术的尝试，到现在，已经有了很深的技术积累，在减排方面卓有成效。但是，由于种种技术和经济性限制，在商用航空市场至今还没出现混动飞机的身影，甚至没有具体的技术研发项目。直到最近，挪威政府提出，将于 2040 年实现短途航空全部由混动飞机执飞，再次表现出北欧国家在环保领域的宏大目标。挪威的国营航空公司 Avinor 表示非常支持，承诺会多多采购混动甚至电动飞机订单，以鼓励飞机制造商。混动飞机在机场滑行和低空飞行时由纯电驱动，消除了在地面上和低空的尾气排放。但是，这种混动也不是什么全新的概念。

现代超大涵道比商用涡扇发动机，它们 90% 以上的推力都是由外涵道风扇制造的，因此它们更像是一台燃气轮机驱动同轴的推力风扇。而内涵道制造的推力这时已经不太重要了。电动推力风扇则完全省去了内涵道，由电动机来驱动推力风扇，这在空气动力学上并不是全新的概念。混动飞机的动力架构甚至比混动汽车还要简单：飞机由电动风扇驱动，风扇的电能来自电池和增程燃气轮机。如果没有增程需求，连燃气轮机都省了，就成了纯电动飞机。但是，不管是混动还是纯电的飞机，都必须在地面上充电。

由于飞机对动力的巨大需求和涡轮发动机的结构，不能像汽车发动机一样安装三元催化器降低氮氧化合物排放。尽管 GE 已经大幅优化了燃烧室，降低了巨量的排放，但这几乎都是在高空巡航状态下发生的。在地面滑行和低空飞行时，氮氧化合物的排放量几乎没有变化，依然很高，而恰恰是这部分的排放对人体和环境的危害最大。而混动飞机在这部分飞行状态下都是由电池驱动的，不产生任何排放，飞机在高空巡航时才会开启增程燃气轮机。此外，由内涵道和辅助发动机产生的噪声也全部被消除了。

对于混动和电动飞机来说，最大的限制无疑是电池的功率。

首先，要考虑输出功率。一架起飞重量 16 吨的 DHC-8-100/200，装配两台普惠 PW120 系列发动机，输出总功率可达约 3 兆瓦。而能输出 3 兆瓦功率的电池，当然需要极强的散热系统，并且极大降低了安全性，对载人商用飞行来说很不适合。而 A320 那种级别的干线窄体客机，如果用电驱动起飞，功率的需求就会超过 50 兆瓦！这对电池来说太难了。

其次，要考虑电池的能量密度。锂离子电池最高每千克 0.65 兆焦耳，而航空煤油 Jet-A 则拥有超过 40 兆焦耳 / 千克的能量密度。飞行对重量是非常敏感的，能量密度差距达到这么多倍，再加上电力系统需要额外的导线和控制系统，还要考虑其耐用程度（毕竟人类还没做出常温超导体），这些将会极大降低飞机的效率，限制航程。商用航空适航规定要求，飞机最少要留有 30 分钟的燃油冗余，而一些全电动的通用航空，甚至只有 30 分钟的总留空时间（只能在空中飞 30 分钟）。

　　　　　　　　　　　　　　如何离开地球表面

X59混动飞机概念图（©NASA/公版）

　　虽然，混动和纯电动飞机现在听上去还不现实，但是每种技术都是一点点实现的。NASA 之前就上马了 NEAT 项目（NASA Electrified Aircraft Technology），通过在地面建造全套的混动飞机动力架构来测试，以及进行电动推力风扇的研发和风洞测试。NASA 也提出了一个更加保守的方案：一台涡扇放机尾，在制造推力的同时输出电力，为翼吊布局（发动机吊在翼下）的两台电推风扇提供动力。这个方案还整合了涡扇发动机的附面层吸入技术，即将发动机"吸入"整个机身带来低速附面层，这样可以提高发动机外效率。西门子公司在航空用大功率密度电机上已经有了一定的技术积累，并且与空客、罗罗组成了合资公司。他们对一架 BAE146 支线飞机进行了改造，将它的一台涡扇发动机替换成 2 兆瓦功率的电动风扇，并在机身内部加装一台燃气轮机。

虽然挪威想在 2040 年实现目标，但是一架传统布局传统动力的商用飞机，从立项到投入商用一般要花费六七年。况且，这套全新的动力架构还需要全新的结构，又由于是商用飞机，还涉及考取适航证。看来，挪威人的目标似乎不是那么容易实现的，况且现在最核心的部分——电池和输电系统——在可预见的未来还没有出现巨大突破。虽然困难重重，但是面对日渐严苛的环境问题，以及越来越高的航旅需求，工程师总得找到可行的路线，尽管这些路线现在看起来还很搞笑，就像千年前的人造翅膀那样。

在全球的一线大城市，人们居住和工作在三维的高楼里，却在二维的地面上出行，所以交通一定会成为一种城市病。我目前在德国住的城市只有 180 万人口，高楼也不多，即使是这样，我每次在工作日白天进城必定遇到堵车，5 千米远的路一般要开半小时。可想而知，这么多人和货物都堵在路上，每天将会产生多么大的浪费！

近几年，无人机技术快速发展，以无人驾驶飞机充当空中出租车的方案便被提出来，还有大量投资进入这个领域，人们想要彻底改变城市交通出行。如今，世界上出现了很多家创业公司都想做出载客垂直起降无人机，也都拿出很多"脑洞大开"的设计，有的与多轴无人机的飞行方式一样，但这样效率较低。有的则是装备两种旋翼，一种在垂直起降时使用，一种在飞行时提供推力，在飞行过程中，重力被机翼产生的升力所抵消，就像固定翼飞机一样，或者说是多轴飞行器和固定翼的混合体。还有一种更复杂、高效的方案：

垂直起降时旋翼向下，当飞机向前飞行时，旋翼倾转向后吹，形成推进力，原理和 V-22 "鱼鹰"倾转旋翼机一样。这种飞行器和电动飞机一样会遇到电池技术的局限，只是更乐观一些。因为和电动车一样，仅仅考虑市内交通的话电池已经够用了，飞行距离、滞空时间都不需要很长。但是这种飞行器的另一个局限就是飞行法规，越是人口密集、经济繁荣的地区，就越是需要这种虽然贵却便捷的交通方式。但越是这种地区，越是对空难敏感。而且，对这种出行方式来说，去机场肯定是最方便的，机场周围的航空活动是被严格管制的。

这些市内飞行交通工具，听上去真是困难重重，但 ETOPS 适航规定的例子，也证明了航空管理机构并非油盐不进，是会顺应和促成时代发展的。所以，这种"空中出租车"已经在一些城市建设试运营的基础建设，并且已开始用传统直升机来检验营利模式是否可行。

如果这一切都能实现，一张三维化的市内交通网也就实现了。

从安达卢西亚发明家菲尔纳斯到卖自行车的美国莱特兄弟，1000多年来，不知有多少人凭着一腔热血投身于航空事业。他们中绝大多数都不是天潢贵胄或富商巨贾，而是一个个热爱航空并愿意钻研、为此付出金钱、时间、精力甚至生命的普通人。他们在不断地尝试、失败、继续尝试中所积累起来的技术，最终实现了人类飞上天空的梦想。

人类的飞天梦做了几千年，为了实现它又努力了千百年，从羽毛到碳纤维，从柳木到钛合金。最近一百年里航空科技日新月异，

科幻插画中的未来飞行汽车（©pixabay/ 公版）

曾经我们为一次成功的起飞欢呼雀跃，而如今，连超音速飞行都看似稀松平常，航空已经深深融入生活，也深刻改变了我们的生活。今天我们所享受的飞行旅途，归功于无数的航空先驱的投入和奉献。那一个个凭着简陋的装置从高处一跃而下的勇者以及重复着枯燥的计算和绘图的工程师和绘图员，没有这些了不起的普通人，就没有今天便捷和安全的飞行。

此外，不仅是这些飞在天上的"大家伙"，还有它们体内蕴含的航空科技、极高的工程标准，都激发着一代代工程师的创造力。源自航空工业的无数先进科技，也不断流入各个工程领域，开枝散叶，开花结果。汽车上的涡轮增压器、HUD 抬头显示器、赛车上的主动悬挂，以及大量应用在工业中的超高精度和超高可靠性的技术，甚

　　　　　　　　　　　　如何离开地球表面

至还有很多先进的分析方法和设计思路，统统来自航空领域。世界顶尖光刻机制造商荷兰 ASML 的一位工程师曾对我说："我们生产的光刻机其实就是一架飞机，只是不能飞。"当商家在自己的产品宣传中使用"航空技术"字眼时，想必他们自己和消费者的心里都是自豪的。

从航空领域"偷师"而来，渗透我们生活的技术不胜枚举，但还有另一个领域也是一座更宽阔的技术宝库——它就位于繁星之间。

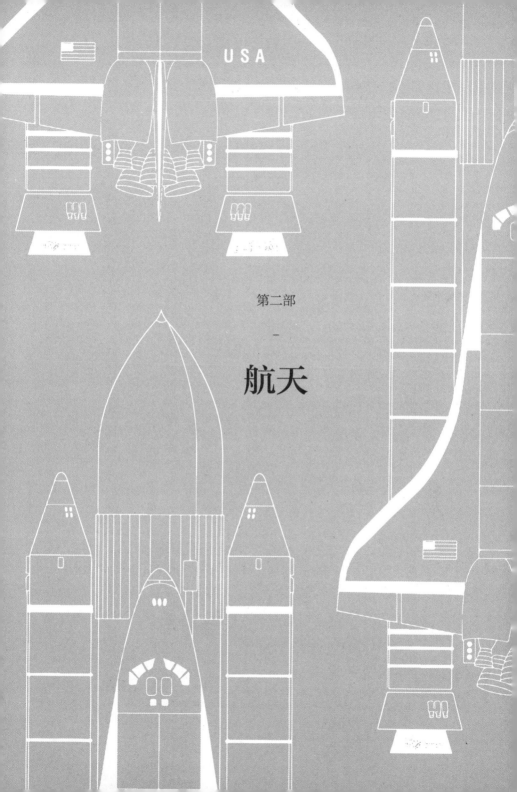

第二部

—

航天

第十章

火箭诞生的基础

奇迹兵器

火箭奠基人：齐奥尔科夫斯基

1901 年，在希腊安提基特拉岛附近的一艘古代沉船中，潜水员发现了大量古代艺术品，其中有一件锈蚀的、形似钟表的青铜器，即安提基特拉机械（The Antikythera Mechanism）。考古学家研究后惊讶地发现，这竟是一台于公元前 2 世纪至前 1 世纪制造的天文计算装置。它通过 30 多个齿轮的复杂结构，就能对天文周期进行极为精确的计算。如此复杂和精密的机械，直到 1000 多年后才在欧洲被重新设计制造出来，可见当时古希腊—罗马文明的科技发达程度。

如今，我们在郊外晴朗的夜晚，只要抬头，就能看到令人心醉的漫天星辰，与我们千年前的祖先眼中看到的光景别无二致。点点星光之中就像蕴藏着关于整个世界的终极奥秘。对星空的观测解读贯穿于人类历史，期间除了催生出希腊神话这些精彩的文学作品以外，还推进了科学发展，安提基特拉的天文钟就是一个很好的例子。

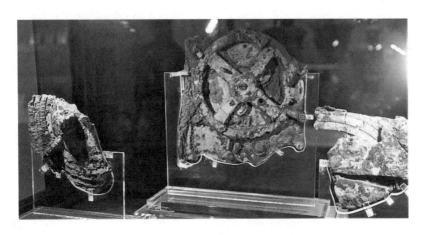

安提基特拉机械（© 维基／公版）

除了能表达天体运动周期以外，它所用的行星轮系结构也十分巧妙，普惠的齿轮减速涡扇发动机的核心——齿轮箱就采用了这个结构。

与古人不同，科技的进步让我们不仅能在郊外仰望星空，还可以发射无人或载人航天器对天体进行更加全面和精密观测，取样带回，甚至能在外星球进行"实地考察"。

摆脱重力、飞向宇宙的故事，开始于1857年莫斯科郊外的小城拉缅斯科耶。出生于此的少年康斯坦丁·齐奥尔科夫斯基因为体弱多病不能上学，但他在自学过程中展现出了惊人的数学天赋。在获得教师资格以后，齐奥尔科夫斯基成了一名中学数学老师，在工作之余对飞行进行了大量理论研究。他的计算结果甚至与"晚辈"莱特兄弟的实验结果相吻合，可惜只停留在了纸面上。

不过，他的另一些脱离纸面的研究，却更加激动人心。齐奥尔科夫斯基对宇宙航行和火箭推进进行了大量理论研究和数学论证，他于 1903 年发表的著作《利用反作用力设施探索宇宙空间》详细阐述和论证了火箭原理。航天器姿态调整推进器、多级火箭原理甚至是空间站、载人航天器需要的氧气和食物的循环系统等，这些统统都属于齐奥尔科夫斯基的研究范畴，他一生出版了 500 多部与航天相关的著作。除了理论研究，他甚至还写过科幻作品。这一切的杰出成就，都是他在中学教学工作之余完成的。只可惜了齐奥尔科夫斯基伟大的理论，在当时的沙俄并没有实现这一切的科技基础。

根据齐奥尔科夫斯基的研究，我来简单描述一下**火箭飞行的基本原理**。

火箭在起飞时是垂直飞行的，而且它没有机翼。相比于飞机，火箭的飞行似乎更简单一点。在起飞时，发动机喷出气体产生**推力**（指推动飞行器运动的力，它是作用在发动机内、外表面或推进器如螺旋桨上的各种力的合力）。当推力超过火箭自身重力 G 时，它就能脱离地球引力起飞了。喷出的气体产生推力，原理就像气球吹鼓起来，一撒手就会乱飞一样。当火箭达到一定飞行高度以后，地球的空气已经稀薄到几乎没有阻力了，这时火箭需要克服的就只有重力了，所以需要再横过来绕着地球飞。当火箭飞得足够快时，便能产生足够的离心力来克服重力，假如这时速度再快一些，它就可以摆脱地球重力的束缚，或者说逃逸了。

火箭发动机在接近真空的环境下产生的推力，称为**真空推力**（因为在真空环境下没有大气压，因此这时火箭发动机的推力会比在大气层内时更强大）。

位于莫斯科的齐奥尔科夫斯基纪念碑：塑造了一名少年仰望升空的火箭的形象（© 维基 / 公版）

如何离开地球表面

从戈达德到冯·布劳恩

虽然沙俄没有火箭诞生的土壤，但在 20 世纪初的美国出现一个名叫**罗伯特·戈达德**的物理学家，接过了齐奥尔科夫斯基的衣钵，将新生的火箭科学再向前推进一步。当时的学界因为有了齐奥尔科夫斯基对于火箭技术的数学论证，已经不再像曾经那样鄙夷"用火箭突破重力进行太空旅行"的尝试了。1919 年，戈达德在史密森尼学会发表了其开创性的研究专著《到达超高空的方法》，其中包括他在克拉克大学任教期间所进行的火箭试验中的成果，而且还得到了史密森尼学会的资金支持。紧接着，戈达德在 1921 年开始尝试研制**液体燃料火箭**，1925 年 12 月 6 日，他的火箭发动机在 27 秒的点火测试中成功克服自身重力而上升。几个月后，人类历史上第一枚液体燃料火箭"尼尔"在马萨诸塞州奥本发射升空。获得古根海姆家族资助的戈达德，将火箭事业转移到新墨西哥州的罗斯维尔，在这里，戈达德在 15 年中不停地进行火箭试验。但很遗憾，最终没有达到"超高空"，最高一次只达到 2.7 千米高度，远低于飞机的飞行高度。虽然戈达德的火箭研究没有引起美国军方的兴趣，但是德国和苏联都认为他的研究具有极高的军事价值，纷纷派遣密探打探情报。

德国这样做并不代表当时它没有自己的火箭科学家。生于奥匈帝国的**赫尔曼·奥伯特**，从 11 岁起就迷上了关于太空旅行的科幻小说，14 岁时就制作了自己的第一个火箭模型。虽然他大学考上了医学院，但他显然没有忘了自己的火箭梦，因为一战爆发，他不得不中断在慕尼黑的求学之旅，进入军中服役。在军中，他还向普鲁士军事部长展示过他的火箭研究，深信自己的液体火箭能够扭转战局，但是这件事还没有发生，一战就结束了。战后，奥伯特回到德国，从医学专业转为物理学，三年后就完成了自己的博士论文，学校却评价他的论文"过于天马行空，脱离现实"，拒不授予博士学位。坚持自己的奥伯特没有再写一篇博士论文，而且表示就算没有博士头衔，自己依然能成为一名卓越的科学家。这篇被驳回的博士论文最终以"飞往星际空间的火箭"为题，以他个人的名义发表了。

就是这篇论文，深深吸引了一个名叫韦恩赫尔·冯·布劳恩的德国青年。家境优渥的布劳恩，少年时从母亲那里得到一台望远镜，从此便与浩瀚的星空结下不解之缘。还在上中学的布劳恩，在读过奥伯特的著作后，更加坚定了自己的人生目标，中学毕业后，他进入柏林工业大学，拜入赫尔曼·奥伯特本人门下，并在学习期间参与协助了奥伯特的液体火箭测试。能和自己的偶像共同学习工作，这已经是最令人激动和精彩的大学经历了。出于对飞行和操作机械的热爱，布劳恩19岁就考取滑翔机飞行执照，大学毕业时已获得固定翼飞机驾驶资质。尽管一生投身于航天事业，但布劳恩一生中从未失去对驾驶飞机的热情。

最初的火箭如何制造

布劳恩大学毕业一年后，于1933年就开始了"设备"（Aggregat）系列火箭（也可以说是导弹）的研制工作，他的第一个火箭型号A-1，高1.4米，重150千克，其酒精燃料罐位于箭身中部，液氧罐则位

　　　　　　　　　　　　　　　如何离开地球表面

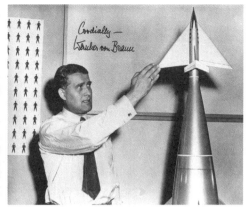

赫尔曼·奥伯特（©维基/公版）　　冯·布劳恩（©NASA/公版）

于燃料罐内部。有一个高压氮气罐对燃料罐和液氧罐加压，被推进挤压至亚瑟·鲁道夫设计的发动机里。为火箭提供稳定控制的三轴陀螺仪位于火箭头部。A-1由于重量太大而且重心位置不好，最终没有发射成功。

　　以A-1为蓝本的A-2，把三轴陀螺仪挪到了箭身中部，燃料罐和液氧罐也被设计成相互分离式。但是A-2最大的改进还是在于它的火箭喷嘴，它不再是一个简单的钟罩形喷管，而是由较细的金属管焊接成的结构，酒精燃料在进入燃烧室之前会流经喷管预热，并且对喷管进行冷却。这次，A-2在试飞过程中成功达到3.5千米高度。

　　在得到德国军方支持后，"设备"家族的下一个成员A-3火箭，尺寸暴增到了6.74米，重达748千克。除了由伺服电机驱动的空气

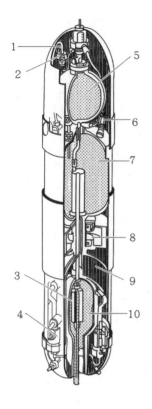

1.减压阀
2.单向阀
3.点火装置
4.控制滑阀
5.氮气阀
6.安全阀
7.氧气罐
8.陀螺仪
9.燃烧罐
10.燃烧室

A-2火箭发动机结构（© 关山 绘）

 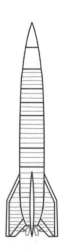

A-3（左）和 A-5（右）火箭外形（© 关山 绘）

如何离开地球表面

动力学控制舵面以外，A-3 还装备了钨合金制的燃气舵，可以让火箭发动机喷出的燃气进行一定偏转，以实现火箭的飞行控制。A-3 在测试中不仅突破了音速，而且能稳定地进行超音速飞行，最高飞行高度一跃到达 18 千米。

在 A-3 火箭主体框架不变的情况下，全面升级的控制系统和陀螺导航系统被装上火箭，并命名为 A-5。而且 A-5 火箭的飞行控制舵面，还被送到齐柏林公司的亚音速风洞和位于亚琛的超音速风洞进行了大量测试。最终，在总计 80 次试飞中，A-5 表现出极高的军事潜力，由于本就是德国军方支持的项目，所以到了将火箭武器化的时机。

在 A-5 火箭完成了技术验证的使命以后，布劳恩紧接着便开始领导 A-4 火箭的研发工作。A-4 还有一个更加响亮的名字"V-2"火箭。这是被德国军方寄予厚望的"奇迹武器"和"复仇武器"。V 就是德语"Vergeltung"（复仇）的首字母。在 V-2 出世前还有一个前身 V-1 火箭，但它与其说是火箭，倒不如说是无人驾驶的飞机，根据导航的设定能飞至打击目标区域引爆，这也就是今天所说的巡航导弹。而 A-4（V-2）导弹则是垂直发射，突破大气层后再自上而下以极高速度打击目标区域，也就是所谓的弹道导弹。

V-2 火箭继承了"设备"火箭家族前辈身上被验证和优化的设计，其高度暴增至 14 米，箭身直径 1.65 米，超过了 A-1 的高度，重量更是达到 13 吨。布劳恩再次将**陀螺仪惯性制导**系统装在了火箭头部，紧挨着爆炸性弹头。两只陀螺仪则可以测出火箭横向和纵向的误差。再由一台当时十分先进的模拟计算机根据陀螺仪测出的误差，给出修正命令。然后，位于火箭弹翼外侧的空气舵和内侧石墨制的燃气舵再执行操作控制火箭将其维持在预设弹道之内。德国人甚至还测试过用无线电对火箭进行制导，但因为担心被敌方干扰而作罢。

就像从 A-2 开始沿用的设计，由高性能镁铝合金制成的、储存 75% 酒精与 25% 水混合燃料的燃料罐位于箭身上部，紧挨着制导系统。之所以在酒精燃料里加水，是因为假如燃烧纯酒精，燃烧室无法承受如此高的温度，所以要用水作为冷却剂。在燃料罐之下，便是同为镁铝合金制成的液氧罐；而在液氧罐下侧还有为储存罐提供压力的高压氮气钢瓶。不过，这次高压氮气的工作并不是将燃料和液氧挤压进入燃烧室，因为 V-2 用了更加复杂和高效的设计——涡轮泵。

在高压氮气钢瓶旁边还有一个过氧化氢储存罐，其中的过氧化氢会和高锰酸钾在反应室中剧烈反应，生成水蒸气和其他副产物；接着，水蒸气会从一个轮状结构中被均匀地引入一个蒸汽涡轮（蒸汽泵）。这个小小的蒸汽泵，能够以 4000 转数工作并输出 580 马力；带动同轴的两个离心式加压泵，对燃料和液氧进行加压，其达到的压力和工作时间，相比于通过高压氮气挤压有很大优势。被加压的燃料，首先被泵入喷管下部作为冷却剂，为喷管和燃烧室外壁进行冷却，同时也完成了自身预热。在燃烧室顶部一共有 18 个钟罩状的预燃烧室。完成加压和预热的燃料，在这里从侧面泵入，同时被加压的液氧从顶部被喷洒。强大的涡轮泵每秒可以将 120 千克燃料和液氧加压至 14.4 倍大气压，并通过 4 000 个喷口泵入燃烧室，实现燃料和氧气的高效、快速混合；混合物在进入主燃烧室后，可以快速、

　　　　　　　　　　　　　如何离开地球表面

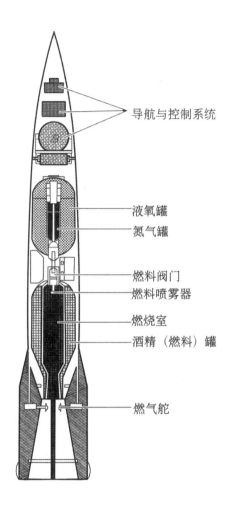

导航与控制系统

液氧罐
氮气罐

燃料阀门
燃料喷雾器
燃烧室
酒精（燃料）罐

燃气舵

A-3火箭基本结构（© 关山 绘）

充分地燃烧。能在如此极限的情况下实现复杂的功能和强大的性能，那时的德国研制精密机械的能力着实令人惊叹。

1942年10月，V-2火箭的第三次试射已经能完美地根据预设的弹道飞行，并在193千米外落地，飞行高度达到了83千米；而在V-2所有的发射历史中，最高曾达到174.6千米，这已越过了公认的地球大气与外太空的分界线——离地面100千米的卡门线（Kármán line），V-2火箭也成为历史上第一个进入太空的人造物体。

在二战中，英国人可以沿着英吉利海峡设置防空哨岗，当发现巡航导弹V-1时给空军基地打电话，然后让活塞螺旋桨式战斗机升空，便有机会击落V-1。但是V-2导弹是垂直起飞的，在5分钟内就会以4.8马赫的极速在300千米外的目标区域从天而降。无论罗罗的梅林发动机有多大马力，喷火战斗机的动力多么优秀，都是不可能击落V-2的。所以，英国人只能靠原始的雷达发现V-2起飞，再紧急疏散人员躲避攻击。可以想象，V-2火箭给英国人带来了多大的恐惧，或许超过了齐柏林飞艇在一战中的轰炸导致的阴影。

幸运的是，德国发射的超过3000枚V-2火箭（导弹），只造成了不到3000人的伤亡，平均一枚火箭换不到一个人。然而，法西斯德国强迫奴役工人制造V-2，其残忍血腥程度令人发指，至少造成了26000名工人死亡，远超过V-2本身带给敌方的伤亡。这个血腥的事实，也给身为工程学杰作的V-2火箭蒙上了一层阴影。

尽管V-2火箭并没有在战略和战术上给纳粹德国带来什么巨大优势，但是德国仍在V-2火箭项目上寄予厚望，并投入了巨量金钱和物资，仅仅是V-2火箭所消耗的燃料酒精，就几乎耗费德国全部

　　　　　　　　　如何离开地球表面

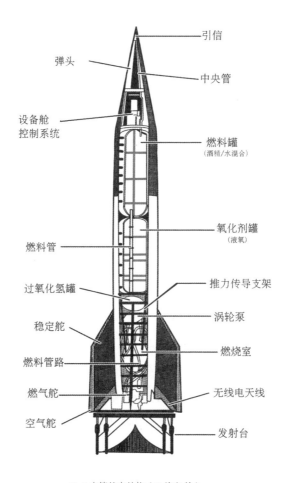

引信

弹头

中央管

设备舱
控制系统

燃料罐
(酒精/水混合)

氧化剂罐
(液氧)

燃料管

推力传导支架

过氧化氢罐

涡轮泵

稳定舵

燃烧室

燃料管路

燃气舵

无线电天线

空气舵

发射台

V-2 火箭基本结构（© 关山 绘）

的马铃薯用于发酵。在二战末期物资匮乏、饿殍遍地的德国，这只能用穷兵黩武、丧心病狂来形容。就连 V-2 火箭项目的工作人员都因为物资匮乏偷酒精燃料来喝，这甚至导致了整个火箭项目的推迟。此后他们不得不在燃料中添加有毒物质以阻止偷喝，在多个工人因此致残甚至死亡后，偷窃燃料的行为才算消失了。

类似的事件在苏联也发生过。针对美国的 SR-71 黑鸟，苏联研制了配备巨型涡喷发动机和不锈钢机身的米格 -25 "狐蝠"战斗机。完美展示苏联式机械美学的米格 -25，可以在不考虑机身损伤的情况下达到理论极速 3.2 马赫。在以如此高的速度飞行时，机身表面和航电等设备都很难冷却。苏联的航空工程师匪夷所思地给米格 -25 加了 500 千克酒精作为冷却剂。于是，热爱伏特加的俄罗斯空军后勤兵就会去偷米格 -25 的冷却剂来喝，并给米格 -25 起了一个更加恰当的诨名"飞行酒馆"。尤其是在苏联禁酒期间，常驻米格 -25 的空军基地成了爱酒人士的胜地，很多官兵想方设法都要去拜访一下。看起来"飞行酒馆"确实比"狐蝠"贴切多了。

V-2 火箭还曾被计划改造成潜射弹道导弹，安装在一个有 500 吨排水量的载具内部，由德国 U-511 潜艇在水下拖行，达到目标区域后，载具变成垂直姿态，浮出水面，开盖并发射火箭。然而，等到这个计划的执行时，已经到了二战末期，只制造出来一台原型机，并没有测试发射。这一武器思路如今已经成了核武器大国的核心战略。核动力潜艇装载着带有核弹头的洲际弹道导弹，巡弋在大洋深处，假如自己的国家被突然入侵占领，还能保留反抗的打击力量。

V-2 火箭在二战中表现出极大的军事潜力，从此所有国家不再对火箭（弹道导弹）的军事前景产生任何疑问。盟军和苏联都迫切地想得到 V-2 火箭的工厂、资料、技术人员与相关的一切。根据战后的《雅尔塔协议》，生产 V-2 火箭的地方应该归由苏联托管。美国当然无法接受德国的火箭科技由苏联独享，马上执行了"回形针"计划，在短短 10 天内用 300 节火车车厢和 13 艘轮船运走了近百枚 V-2 火箭和相关设备，只留给苏联空荡荡的工厂。另外还有在黑森州获得的 V-2 火箭移动发射台以及操作说明，这些科技的珍宝被打包运回美国，成了后来美国火箭科技的基石。但是，比美国运走的这些东西更有价值的，还是研制出 V-2 火箭的科学家。

在苏联军队已经接近 V-2 火箭研制基地——佩讷明德的时候，布劳恩已经开始想办法向盟军投降了。但问题是，布劳恩听说接近他的苏军有虐待战俘的传闻，所以和他的助手们还是决定改向美军投降。其实，此时纳粹党卫军头子已经下令接走了布劳恩团队，而且在最后时刻，为了不让盟军获得德国的军事科技，曾企图处决包括布劳恩在内的多位火箭科学家。1945 年 5 月 2 日，布劳恩的弟弟和另一名同事骑着自行车秘密地接触到了美军第 44 步兵师。他用极其蹩脚的英语说道："我是冯·布劳恩，我哥哥发明了 V-2 火箭，我们要投降。"随后，布劳恩就像很多其他德国科学家一样作为"头脑财富"，跨过大西洋去了美国生活。

初到美国的布劳恩，仅仅把 V-2 火箭技术教会美国人以后，就因为前纳粹党的身份被排挤在外，随后布劳恩能做的只有给一些小杂志写写文章，阐述一下开发太空的设想。没有布劳恩及其团队的帮助，美国人的火箭技术一直举步维艰。这本身没什么，毕竟是造火箭嘛，挫折是难免的，但是让美国人脊背发凉的是，苏联火箭正在不停地获得重大突破。1959 年由谢尔盖·帕夫洛维奇·科罗廖夫带头设计的 R-7 弹道导弹，重达 280 吨，作战距离接近 10 000 千米，从此，苏联可以轻易用导弹对美国本土发动攻击。迫于压力，美国

动漫中常见的火箭外形基本都可以追溯到 V-2
（©pixabay/ 公版）

不得不重新启用布劳恩和他的团队，从此，美国航天科技开始突飞猛进。

在战后，V-2 火箭还被用于大量的重要科研工作，比如地球电离层、高层大气、观测紫外线以及对地球拍照，所以 V-2 火箭既是人类第一枚被武器化的火箭，又是开启了人类太空科学的火箭。但是 V-2 的运载能力，已经渐渐不能满足美苏科技竞赛的需求了。

如何离开地球表面

第十一章
冷战与运载火箭的发展

火箭比赛

多级火箭与火箭助推器

1995 年 3 月 14 日，由 4 台火箭助推器形成的壮观现象"科罗廖夫十字"再次出现在哈萨克斯坦拜科努尔发射场上空，但是这对当地人来说早就司空见惯了。这次和以往的任务都有些不同，因为一名美国宇航员诺尔曼·撒加德来到了哈萨克斯坦，将乘坐俄罗斯的"联盟号"飞船前往太空。继撒加德之后，还有许多名来自美国、欧洲和其他国家的宇航员从这里升空。到今天，包括发射这艘飞船在内，"联盟号"运载火箭（俄国人真喜欢重复取名）至今已经发射超过 1 700 次了。和新型火箭相比较，堪称"劳模"的联盟号火箭，已经算是老古董了，毕竟它的血脉直接来自苏联 20 世纪 50 年代的 R-7 弹道导弹家族。

1907 年生于乌克兰农民家庭的科罗廖夫，少年时在职业学校进行木工培训的时候观看了一次航展，从此被飞行深深吸引。天资过

苏联火箭先驱科罗廖夫（©Anna Rozh/ 公版）

人的他，几年后毕业于莫斯科国立大学航空专业，又响应国家号召，进入图波列夫飞机设计局。他不仅成为一名航空工程师，还由于他此前的滑翔机和飞机驾驶经验，成为一名试飞员。

在设计局里，他的事业发生了重大转折，因为他结识了前辈齐奥尔科夫斯基。他很快就离开航空业，转身投入航天业，进行了大型火箭的研制工作。仅仅三年后，他就升任为喷气科学研究所副所长，但后来不幸被同僚陷害，进了监狱。但即使是在监狱中，他也不忘航天事业，在简陋的条件下冒死继续火箭试验。

在齐奥尔科夫斯基的理论中，有一个重要的设计理念——**多级火箭**。当火箭已经飞行了一段时间后，燃料和氧化剂逐渐耗尽，这时候燃料罐、发动机甚至箭体本身都成了死重。如果火箭分成数级，当达到一定高度和速度以后，抛弃第一级的箭身、发动机和燃料罐，再启动二级火箭的发动机继续推进。这样虽然推力远不如一级火箭，

　　　　　　　　　　　如何离开地球表面

但是死重小，被推进的重量降低，效率就会更高。而且在高空中空气非常稀薄，已经可以不管空气阻力了。

二战后，苏联虽然没有得到布劳恩，但至少得到了 V-2 火箭的大量相关物资和部分技术人员。科罗廖夫从监狱出来后，对德国的 V-2 火箭进行了大量研究，并进行了一些成功的仿制。然而，这些二战遗物已经不能满足战后的军事要求了。1953 年，科罗廖夫开始领导 R-7 火箭的研发工作。

在 34 米高、280 吨重的 R-7 火箭面前，V-2 一下就显得娇小起来。科罗廖夫在 R-7 火箭上应用了以齐奥尔科夫斯基理论为基础的多级火箭设计，还额外增加了**助推器**。当一级火箭推力较弱时，不足以驱动整枚火箭离地，这时火箭科学家就会给火箭增加助推器，并且会在较低的高度和较低的速度下耗尽燃料，并脱离一级火箭。

运载火箭从结构上划分大致分为两类：一类是各级首尾相连的**串联式火箭**（如美国的土星 5 号，分为三级）；另一类是下面两级并联、上面一级串联的火箭，也称**捆绑式火箭**（如苏联的"东方"系列和中国的"长征"系列）。运载火箭的大小，由其飞行任务的有效载荷（航天器上装载的，完成特定任务所需的仪器、设备、人员、试验生物、试件等）和飞行轨道而定。

多级火箭设计，如今在非常多的火箭身上都能看到。燃料选择了效率更高的煤油，而不是 V-2 用的酒精－水混合燃料，在火箭中，相比于所携带的燃料和氧化剂的重量，火箭发动机本体的重量非常小。

什么样的火箭才是高效的？通常，火箭科学家在判断一枚火箭的性能时，一个最重要的指标就是**比冲**（specific impulse），简单定义就是：每 1 千克的推进剂（燃料和氧化剂）进入发动机后，产生的克服 1G 重力的推力所能维持的时间，单位是秒（s）。比冲越高，火箭效率就越高，性能就越强。而决定比冲高低的，除了燃料种类以外还有燃烧室的压力。当然，高比冲燃料和高燃烧室压力都是有代价的。工程学就是一种妥协和取舍的艺术，这一点在航空航天领域体现得淋漓尽致。

毫无疑问，按照这一标准，R-7 火箭就是当时最优秀的火箭。它的主发动机 RD-108 室压达到了 58.8 倍大气压，再加上效率更高的燃料组合，比冲达到了 315 秒，远超过 V-2 火箭的 239 秒。但是，即使尺寸、性能数据、火箭布局和过去的 V-2 相比大幅进步，但在 R-7 身上（或者说，在如今一切火箭和导弹的身上），我们依旧能依稀看出 V-2 的影子。其中最典型的特征就是 R-7 的发动机涡轮泵，像 V-2 一样是通过一个蒸汽涡轮推动的，蒸汽也是来自一个催化分解过氧化氢的蒸汽发生器。

R-7 的一级火箭装备了一台 RD-108 发动机，可以制造 94 吨以上的真空推力，而周围 4 个助推器，分别都装了一台和 RD-108 非常类似的 RD-107，每台可以输出 100 吨真空推力。为了实现这么大的推力，RD-107/108 发动机的燃烧室也要足够大，但是大燃烧室也会带来一个问题——燃烧不稳定性。这个问题不仅体现在 R-7 上，而且至今依然是悬在每个火箭科学家头顶的一柄"达摩克利斯之剑"。RD-107/108 没有选用单一的大型燃烧室，而是一分为四，由 1 个涡轮泵将煤油燃料和液氧平均地泵入 4 个燃烧室，这样就部

如何离开地球表面

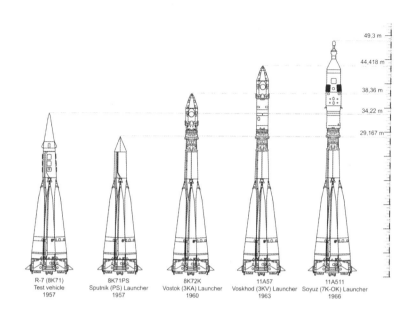

49,3 m
44,418 m
38,36 m
34,22 m
29,167 m

R-7 (8K71)	8K71PS	8K72K	11A57	11A511
Test vehicle	Sputnik (PS) Launcher	Vostok (3KA) Launcher	Voskhod (3KV) Launcher	Soyuz (7K-OK) Launcher
1957	1957	1960	1963	1966

R-7 火箭家族。从左至右依次为 R-7 弹道导弹、卫星 PS 运载火箭、东方 K 运载火箭、上升号运载火箭、联盟号运载火箭（© 维基 / 公版）

分缓解了燃烧不稳定性的问题。这样虽然效率更低，重量也更大，但是总好过火箭在发射架上直接爆炸（造化弄人，R-7 火箭的心脏 RD-107/108 发动机，竟出自把科罗廖夫送进监狱的老对手格鲁什科之手）。

除了大推力的 RD-107/108 以外，R-7 的一级火箭还装有 4 个可摆动的小推力发动机用来调整火箭飞行姿态，4 个助推器上也各自装有 2 台。当 R-7 飞到一定高度时便会先抛弃 4 个助推器，一级火箭继续工作，待燃料耗尽，停车分离，二级火箭上的一台 RD-108 继续工作，将上层有效载荷送入预定高度和速度。

1957 年作为武器的弹道导弹 R-7 第一次试射。同年，由 R-7 略加修改而成的东方号运载火箭，于拜科努尔航天中心将"斯普特尼克 1 号"（Spunktnik 1）卫星成功送入地球轨道，这个安装有 4 个天线、直径为 58 厘米的银色金属球，成了第一个脱离地球引力进入轨道运行的物体。斯普特尼克 1 号的构造，也和它圆球似的外表看上去一样简单，因为苏联渴望抢在美国之前发射第一枚人造卫星，所以甚至放弃了本来功能更强的"D"计划，包含测量地球大气密度、离子物质结构，同时还要对宇宙辐射、太阳辐射和地球磁场进行观测。D 计划把本来有 1 吨 ~1.4 吨重的卫星，大幅缩小为不到 0.1 吨的斯普特尼克 1 号。最终实现的功能，只有探测地球大气和一次陨石探测，匆忙上天的斯普特尼克 1 号也没装备什么复杂的姿态控制发动机，更无法输出推力来维持自身轨道，在飞行了 6 000 万千米后，于 1958 年 1 月 4 日重回地球大气层并熔毁。

运载火箭与载人飞船

眼看苏联人一日千里的火箭技术，美国人心急如焚——只能看着自家起飞重量区区 27 吨、射程短短 300 千米的"红石"弹道导弹（Redstone Missile），还在不停地失控爆炸。尤其是，在自己两次尝试发射人造卫星都失败后，毫无预兆地得知斯普特尼克 1 号成功进入轨道，美国人震惊得无以复加，甚至导致华尔街发生一次小股灾。冷战此时也进入了新的阶段——太空竞赛。

即使到这时，美国负责火箭和导弹研发工作的，还是海军和陆军。毫无疑问，这些火箭的研发侧重点是投射火力，而非发射航天器。美国当时还没有一个机构来专门负责非军事用途航天器和火箭的开发工作。美国只有一个成立于 1915 年的负责主导美国航空科学发展的机构——美国航空咨询委员会（NACA）。他们认为，与其设置一个新的独立机构主导航天发展，还不如直接把 NACA 改造扩大，同时主导航空与航天领域。1958 年 7 月 29 日，时任美国总统艾森豪威尔签署《美国航天法案》，宣布成立美国国家航空航天局（NASA），将 NACA 的所有组织员工和硬件设施，以及一些原属美国军方的空间科技项目和设施，全部并入 NASA。这个世界最著名的航空航天组织也于同年开始运作。到今天，NASA 的标志甚至已经成为一种流行文化符号，即使是对航空航天没什么了解的人，也多少听说过它。

脱胎于航空组织的 NASA，明显带着航空业的基因，这从它最早拿出的一款试验机 X-15 的方案中就能看出来。在 X-1 的开发（见第五章）接近尾声时，NASA 忽然突发奇想，提出了一种可能性：给一架比 X-1 更强大的火箭动力飞机装上更强的火箭发动机，让这飞机直接飞入地球轨道，岂不是直接省去了昂贵的运载火箭？

NASA 新一代火箭动力实验机 X-15 于 1959 年问世。由于 X-15 是火箭动力飞机，如果它靠自身推力起飞，还没到目标高度就烧完了，所以，它的起飞和 X-1 一样，也是靠重型轰炸机携带至高空再发射的。1963 年，X-15 两次突破 100 千米高的卡门线进入太空。1964 年，X-15 录得最高飞行速度 6.85 马赫（7274 千米 / 小时）。这样的载人飞船，相比于火箭发射有一点优势是：在返回大气层时，因为它自己就是

X-15 试验机（©Ad Meskens　摄 / 公版）

飞机，可以控制飞行，而且和其他飞机一样，能用起落架或滑橇在跑道上降落。它不像其他载人飞船的返回舱，一个铁疙瘩从天而降，靠降落伞减速、坠落。当然，这种飞入轨道的方案也存在很多的限制，比如，飞船的尺寸和重量很难做得太大，因为这就需要更巨大的飞机把它带入高空。这时 X-15 的载机 B-52 战略轰炸机的载重能力就显得太弱了。

　　在 NASA 将未来载人飞船的研发方向重新定为"用火箭从地面垂直发射载人飞船"后，X-15 项目就宣告结束了。它的"后辈"——由火箭从发射速度可达 18 马赫，并能进入地球轨道的 X-20——项目也随之终止。但是，用飞机将火箭带至高空从翼下发射，以及让有飞行能力的航天器控制飞行在跑道降落，这两个设计方案被保留了下来。在以后的日子里，它们还会有更多的继承者。

　　　　　　　　　　　　　　　　　　　　如何离开地球表面

由于火箭上的反复失败，绝望的美国陆军只能放下原本的傲慢和猜忌，重新启用布劳恩及其团队，并提出"要在90天内成功发射一颗美国卫星"的苛刻要求。布劳恩不仅答应了，而且还当场发誓将在90天内完成任务。尽管由于发射场附近天气原因，发射被推迟，但他后来真做到了——89天后，美国第一颗人造卫星"探险者1号"成功进入地球轨道。这个重量仅为13.97千克的迷你卫星，其功能只包含测量温度，探测微波背景，以及能将这些测量结果通过无线电传回地球。功能虽简单，但当时人类对太空还不甚了解，很少的测量就会带来很大的发现，比如，地球外的磁辐射带就是人们在探险者1号的探测结果中分析发现的。

执行这次任务的火箭是仅有29吨起飞重量的"朱诺1号"运载火箭，与东方号一样，它也采用了多级火箭，但没有采用助推器。朱诺1号的一级火箭，与红石导弹一样装备着一台洛克达因A-7液体发动机，并采用了偏二甲肼和乙二胺混合的剧毒致癌燃料加液氧（作为氧化剂）这一燃料组合。A-7的真空比冲仅仅达到265秒，远低于RD-107/108，也只比V-2火箭高一点，足以见得当时的美国火箭技术与苏联的差距。尽管A-7的燃料和V-2用的"酒精兑水"完全不同，但在它身上依旧能看到V-2的影子——它的涡轮泵也是靠蒸汽涡轮驱动的。而且并非巧合，推动蒸汽涡轮的蒸汽，也是来自分解过氧化氢的蒸汽发生器。

朱诺 1 号运载火箭（©Bubba73 摄 / 公版）

　　　　　　　　　　　　　如何离开地球表面

固体火箭与液体火箭

朱诺 1 号的二级、三级和四级火箭，不像东方号那样由高性能液体火箭发动机驱动，而是分别装备了 11 枚、3 枚和 1 枚固体火箭。

一般运载火箭按照燃料划分，可以分为**固体燃料火箭**和**液体燃料火箭**（简称固体火箭和液体火箭）。固体火箭的发动机与液体火箭发动机完全不同——燃料是固体的，像一根大炮仗。燃料、氧化剂再加一些黏合剂（合称**推进剂**）被做成固体后，装在火箭外壳里。燃料的燃烧顺序是从内侧到外侧，而不是自下而上。推进剂的截面形状，是根据飞行任务的不同而设计的。点火装置在最上面，有不同的点火方式。

比如，可以像打火机一样，用电打着一块固体燃料，制造出的高热高速气体吹入火箭主体。如果推进剂截面形状是均匀的圆形，那么刚点火时的推力最低，因为燃烧面积最小。接着，越烧面积越大，推力就越大。由于火箭刚点火时是最重的，所以需要较高的推力。这时，工程师想到一个解决方案——将推进剂截面形状做成一些特定的形状，比如星形。这样在刚开始燃烧时，燃烧面积最大，当星形结构突出的"触角"部分都烧完了，燃烧面积就会变小。航天工程师可以通过推进剂截面形状来设计推力相对时间的曲线。但是，当这一切都完成时，火箭的动作也就完全预先规定好了。固体火箭一旦点火，就必须起飞了，开弓没有回头箭，没有当场熄灭、推迟、再发射的可能。固体火箭的内部几乎没有可以活动的部件。不同于液体火箭较小的燃烧室，固体火箭全身都是燃烧室，由于箭体很高，会导致上下方向的压力振荡，燃烧不稳定；而液体火箭燃烧室的上下振荡远没有这么剧烈。

固体火箭比冲不大，但是相比于朱诺 1 号的一级火箭，本来性能不占优势的液体火箭也不算太差了。固体火箭的推力非常高，这也是它能做助推器的原因。而由于它的推力远高于主火箭，假如左右助推器的推力很不对称，这个偏向会很难被修正回来，所以，固体火箭助推器的生产需要极高的精密度（当然，所有能上天的东西都对精密度有很高的要求）。

有了运力强大的火箭，苏联在这场太空竞赛中连下几城。

1961 年 4 月 12 日，在苏联的"日出计划"中，尤里·加加林乘坐"东方 1 号"飞船成功进入地球轨道，在 89 分 34 秒内绕地球一周，并且安全返回地球。

美国当然也意识到了载人航天在太空竞赛中的重要性，所以这时候也在推进自己的载人航天项目——"水星计划"。与像小山似的 R-7 火箭比起来，朱诺 1 号看起来就像个小玩具，运力捉襟见肘。但是，就在尤里·加加林成功进入轨道不到一个月后，美国也成功用朱诺 1 号与"自由 7 号"飞船的组合，将第一个美国宇航员艾伦·谢泼德送入了太空。

航天器维持轨道高度需要极高的速度，这样离心力才能抵消地球引力。但是，当航天器返回地球时，以如此高速进入大气层，航天器的迎风面会剧烈升温至 7 000 摄氏度以上。当时还没有一种材料能在如此的高温下维持机械强度，所以，工程师通常在这种部位会布置烧蚀隔热层。为保护返回舱内包括宇航员在内的一切，隔热层必然会做得非常厚。因为朱诺1号那孱弱的运力无法发射带有厚重隔热层的航天器，所以自由7号最高只达到了187千米就返回地球了。虽然它也突破卡门线进入了太空，但并没有够到地球轨道。

另外，自由7号的乘客体验也很糟糕——先不提厚重的隔热层了，整个飞船本身重量只有1吨左右，内部空间十分狭小，宇航员几乎没有活动空间。因此这艘飞船也被人揶揄道："宇航员不是坐进去，而是把它穿在身上。"在只比身体大一点的空间内，宇航员还必须操作120个控制器、35根机械杠杆、55个开关和30根保险丝。幸好艾伦·谢泼德是个训练有素的飞行员，擅长驾驶各种船只和飞机，让他来驾驶这艘飞船是个非常正确的决定。（苏联联盟号的指令舱也一样狭窄，要在两人大的空间里塞进三个俄国大汉，后来没办法只好改造扩大了一点，这才能坐进三人。）

对于宇航员来说，和加加林不同，艾伦·谢泼德可以自主控制自由7号飞船的姿态。另外，自由7号和东方1号还有一个重大区别：尽管朱诺1号运力不足，美国人还是给自由7号飞船顶上装了一个**逃逸塔**，当火箭遭遇异常情况时，载人飞船就会立即脱离火箭；同时逃逸塔上的几枚固体火箭会点火提供推力，将载人舱拉走，以保护载人飞船和其中的宇航员。一想到这款火箭在布劳恩解决朱诺1号和红石导弹的问题之前的糟糕表现，逃逸塔确实显得非常重要。然而，即使有了逃逸塔，乘坐飞船和火箭上天的宇航员依旧承受了巨大的风险。艾伦·谢泼德在任务成功后被记者问道，他坐在红石导弹顶端的时候脑子里在想什么。他说："这艘飞船上的每个部件都是开价最低的承包商生产的。"乐观、开朗和幽默真的是宇航员的必要品质。

燃气发生器循环

朱诺 1 号毫无疑问已经不足以让美国在太空竞赛中取得任何优势了。美国必须拥有更强大的运载火箭，以便发射更重、更复杂的航天器。其实，朱诺 1 号本身并不是水星计划中的唯一火箭，本来还有从起飞重量 119 吨、更强大的"宇宙神 D"（Atlas D）弹道导弹改造成的"宇宙神"运载火箭。但问题是，这本来是个纯武器火箭，可靠性并没有载人火箭那样高。如果美国再重新研制运力更强的载人火箭，又要数年时间，对于在太空竞赛中的美国来说这是无法接受的，只能硬着头皮改造宇宙神 D 了。

1959 年，几名在水星计划中被选中的宇航员来到测试场，观看宇宙神 D 的测试发射，然后亲眼看到了自己要乘坐的火箭在眼前爆炸。不知他们当时内心是何种滋味。不过，在美国火箭工程师付出大量心血后，"宇宙神"火箭终于在 1962 年达到了载人飞行要求的可靠性，宇航员约翰·H.格伦乘坐"友谊 7 号"飞船，通过"宇宙神 6 号"火箭送入太空，并进入地球轨道，成为第一个进入轨道的美国人。这一时间是加加林从轨道返回 10 个月后。宇宙神 6 号火箭的主发动机，选用了和 R-7 系列火箭一样的煤油－液氧燃料组合，但是不同于 R-7，它的发动机循环还要更先进。

火箭发动机是燃烧燃料和氧气来产生推力的，既然燃料、氧气都有了，为什么还需要一个额外的蒸汽发生器来推动涡轮泵呢，直接拿小部分燃料和氧气燃烧掉来驱动涡轮泵不就行了？这样还能省掉过氧化氢的储存罐，至少能省掉额外的重量。这就是燃气发生器

宇宙神 6 号运载火箭正在等待发射（© 维基 / 公版）

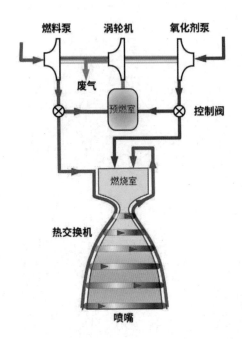

燃气发生器循环工作原理（© 维基 / 公版）

循环（Gas-generator cycle），也叫开式循环——一小部分燃料和氧气，在燃烧后形成高温高压的燃气，推动一个燃气涡轮；然后，再推动燃料泵和液氧泵，做功后的燃气通过一根排气管排出，过程中不产生任何推力。

　　当然，这种设计也有其自身的不足。由于火箭不吸气，所以涡轮泵中的动力涡轮不像飞机的涡轮那样借空气冷却，也就不像飞机涡轮那么耐高温。如果涡轮必须在较低温度下工作才能保证可靠性，那么燃气发生器中的燃烧就必须选择富油燃烧或富氧燃烧。假如是

如何离开地球表面

富氧燃烧，那燃气就几乎是高温高压的纯氧，这种超强的氧化性简直是材料科学家的噩梦。所以，燃气发生器循环的火箭发动机，一般都会选择富油燃烧。

如果你下次看到火箭发动机下面有一根短短的粗管子，那八成就是排气管。假如燃料恰好又是煤油，在火箭发动机工作时你还能看到此处喷出的黑烟。这就是富油导致燃烧不充分的结果，跟年久失修的柴油卡车喷黑烟的道理差不多。

发射卫星、载人飞船、宇航员太空行走，历史上的美苏太空竞赛的下一场竞赛又在哪里呢？

第十二章

登月火箭与登月飞船

触摸月亮

水星计划

如果你去华盛顿参观美国国家航空航天博物馆，象征 20 世纪高光时刻的阿波罗登月舱就矗立在大厅最显眼的地方。在它的前方，布置了一个特别的展览项目："触摸月球"。一小片在阿波罗 17 号项目中被带回地球的三角形的月岩在此展出。这片来自陶拉斯-利特罗月谷的玄武岩，早就被全世界游客摸得油光锃亮了。我在 2017 年参观的时候，也摸了一下。在热闹的大厅中，当时我给刚在青旅认识的瑞士和意大利朋友介绍展品，心中没有太大的波澜。但是安静下来仔细想想，这片不起眼的岩石，竟然来自另一个星球，而且是人取回来的。千百年前，如果有人说他可以取一片月岩回来，那只能是变魔法，而在今天，人类的工程学就是"魔法"，一种合理而有效的魔法。

阿波罗登月舱（© 维基 / 公版）

　　当布劳恩还在德国进行 V-2 火箭研制改进工作时，就曾透露说自己其实对于武器化的火箭兴趣并不大，更向往的还是制造运载火箭、发射航天器探索宇宙。所以纳粹也不曾完全信任他，在他的生活圈子里遍布耳目。在二战末期，党卫军的探子也是一直控制着布劳恩，等着处决他的命令。

　　在他到了美国以后，虽然帮助美国人理解了 V-2 火箭技术，也帮他们进行了一些火箭的科研工作。但是，这些火箭的主要用途都是投射火力，发射航天器、探索宇宙都是次要任务。这样的现实，让布劳恩心有不甘，当美国在太空竞赛中大幅落后于苏联时，美国

参与水星计划的首批宇航员瓦尔特·施艾拉（©维基/公版）

政府开始对航天探索提高重视和增加投入。NASA 也因此成立，布劳恩的航天梦终于等到了转机。这位世界最著名的火箭科学家就在眼前，NASA 当然希望吸收布劳恩及其团队。

其实，布劳恩此前就已经和团队一起进行了新一代运载火箭的研究，目标是拥有远胜于弹道导弹的可靠性，用以执行载人航天项目。为了确保自己的梦想得以实现，布劳恩在和美国军方与政府谈判中明确提出要求：自己的运载火箭项目想要继续，必须获得支持，否则不会加入 NASA。这个不过分的要求被满足后，布劳恩正式加入了 NASA，并很快成为马歇尔太空飞行中心主任，大展拳脚的时候到了。

由于布劳恩的运载火箭计划晚于美国的水星计划，作为水星计划的后续，"土星"这个名字也十分恰当，所以这个宏大复杂的计划，最终被命名为"土星计划"。最初，布劳恩设想，将原有的红石导弹和"木星"火箭互相捆绑，合理排列组合，就能实现更强的运载能力。这枚火箭不仅能发射卫星，还能进行多次发射。它能在地球轨道上组建一艘月球飞船，为未来的月球探索项目提供运力。

土星计划与氢氧发动机

对于未来探月项目，空军也拿出了自己的火箭方案：一枚巨大的运载火箭，可以一次性发射一整艘月球飞船，不需要在地球轨道上组装。但是，NASA 还是采用了布劳恩的方案。这让空军非常不满，军方以刁难土星计划的方式来支持空军的计划，具体方式就是提高火箭的运载能力要求。毕竟空军的方案运力超过了当时的土星计划设想，但这其实反而成就了运力超强的土星火箭。

土星计划中的第一枚火箭"土星 1 号"，作为美国首枚不考虑火力投放的专职运载火箭，起飞重量达到 510 吨，可以一次性将 9 吨载荷送入近地轨道，设计目标是测试阿波罗飞船和 NASA 的 X-20 轨道试验机，以及"双子星"飞船。时间紧、任务重，所以在土星 1 号身上，我们可以看到很多用其他火箭缝合的模块，比如：一级火箭中的燃料箱来自红石导弹和木星火箭；而它的一级火箭主发动机 H-1，最初也是为美国军方研制的。尽管推力远超 V-2 火箭好几倍，但这也是美国人在研究 V-2 以后进行的二次创作。H-1 上没有用 V-2 的蒸汽涡轮来推动涡轮泵，而是用一个固体火箭发动机产生的燃气来推动的。这个设计有些奇怪，可见当时的美国火箭科学家还没找到火箭发动机最优化的循环方式。

不过，土星 1 号的二级火箭上装备的 6 台 RL-10 发动机，那可就太优秀了。工程师为它们选择了液氢-液氧的燃料组合。按理说氢气的分子质量小，燃烧热值又大，应该是很棒的火箭燃料，火箭科学家又不是没上过化学课，怎么没有早选择这种燃料组合呢？

原因是，氢氧火箭虽然性能强大，但好似一匹烈马，很难被驯服。因为液氢需要在 -252.8 摄氏度下保存，只比绝对零度（-273 摄氏度）高了一点，所以带来了很多工程上的困难。首先，如果液氢在管路中遇到空气，空气就会瞬间结冰，堵住管路。其次，氢气的密度极低，分子极小，导致其他气体无法渗透的地方，氢气却能进去，所以氢管路阀门就对设计制造提出了极高要求。再次，氢气会渗入金属部件，造成氢脆问题。由于氢气密度极低，氢氧火箭的氢气罐远比氧气罐要大，带着这么一个巨型燃料罐上天，虽然很轻，但也会带来别的问题，比如更大的空气阻力。

对于所有液体火箭来说，绝大部分的设计成本和大部分制造成本，都在于它的心脏——**涡轮泵**。原因还是氢气的分子质量太小，氢氧发动机的涡轮泵加压更困难，需要更大的功率和更多的级数，才能达到令人满意的压力值。

氢氧火箭发动机还有一个特点：比冲虽然高，但推力不是很突出。如果作为一级火箭发射，它则需要搭配能制造强大推力的固体火箭助推器，比如欧洲的主力运载火箭阿丽亚娜 5 号和 NASA 最新的超重型火箭轨道发射系统 SLS。虽然氢氧火箭推力不足，但是可以在很长时间内持续输出推力，毕竟它的比冲高。它如果作为二级火箭，则是近乎完美的选项，毕竟在高空中，火箭的飞行不再需要一级火箭那种蛮荒之力，涓涓细流同样也能实现目标。最终，RL-10以 32 倍大气压的燃烧室压力，达到了 465.5 秒的真空比冲，这个数据在当时的火箭发动机中一骑绝尘。

就在土星 1 号火箭只进行了两次亚轨道测试发射后，时任美国总统约翰·肯尼迪在听取布劳恩等各方专家意见后，在休斯敦的莱斯大学发表了著名演讲《我们选择登月》，宣布将在太空探索领域投入巨量预算，在 1970 年之前实现登月目标。"阿波罗计划"开始全面加速。接下来，土星 1 号就开始在阿波罗计划下进行了一些飞船测试。

然而，随着测试的飞船重量越来越大，土星 1 号的运力也渐渐不够用了。于是，工程师用一台推力更强的 J-2 氢氧发动机，替换了原来的 6 台 RL-10，土星 1 号因此便升级为"土星 1B"。运力增强的火箭，接着进行了阿波罗计划中的指令 / 服务舱和登月舱的飞行测试。

什么样的火箭才能上月球？阿波罗登月计划中将要用到的飞船舱室经过测试后，人类离月球还差一套完整的飞行计划，以及一枚与之相匹配的强大火箭。阿波罗计划中曾出现过一个重要的登月方案讨论：第一种，将一艘完整的登月飞船直接从地球发射升空，飞往月球（直接登月）。第二种，将不同功能的飞船舱室分别发送至地球轨道，再组合成一艘完整的登月飞船飞往月球（**地球轨道交会，EOR**）。第三种，登月飞船先停泊在地球轨道，再进入月球轨道，环月飞行一周（**月球轨道交会，LOR**），登月舱从飞船脱离，降落在月球表面。任务完成后，留下底座的登月舱再携带登月宇航员从月球上发射，回到留在月球轨道上的主飞船，最后再一起返回地球。这种方案通过利用地球轨道的离心力，节约了宝贵的燃料。

第一种方案简单来说——太费油，需要超强的五级火箭才能实现。如果选第二种，地球轨道交会方案，每次只要发射一个舱室上去，火箭就不用做得太大。但是，难点就变成如何在地球轨道上组合飞船了。当时的航天人对于在地球轨道上进行飞船对接操作还没有太丰富的经验，美国为此还在双子星计划中测试了一下飞船对接技术。针对这一计划，NASA 着手开发了土星 C-3 火箭，二级火箭发动机为 J-2，三级火箭发动机为 RL-10，前面都已经做过测试了，但是来头最大的还是它的一级火箭发动机——洛克达因 F-1。5.6 米高、8.4 吨重的 F-1 发动机，每秒可以燃烧掉 2.6 吨煤油和液氧，应用了先进的燃气发生器循环，燃烧室压力达 70 倍大气压，比冲达 304 秒，性能极其优秀。即使到今天，F-1 依然保持着"人类应用过最大的单燃烧室火箭发动机"的纪录。

这里又有一个问题。如果想发送很大重量的物体进入轨道，当然就需要很大的火箭，而很大的火箭，既可以用很多台小发动机，又可以用几个推力足够的大号发动机。然而，随着发动机数量的上涨，所有发动机都完美工作的概率就会急剧降低，所以，想要制造运力强大的火箭，就必须有推力足够的火箭发动机。

可是,如果火箭发动机做得越大,**燃烧不稳定问题就会越发突出**。因为,火箭发动机的燃烧室内压力并不是均匀的,燃烧也很难做到完全稳定,当燃烧室尺寸变大,这个问题就会进一步加剧。为了实现登月计划,必须彻底解决 F-1 发动机的燃烧不稳定问题,而以当时的计算机,还不可能实现什么精致的流体和燃烧模拟。即使在今天,燃烧不稳定问题依旧是火箭发动机研发过程中的一个重大挑战。当时美国工程师在 F-1 的燃烧室设计中投入了极大资源,为了激发火箭发动机的不稳定燃烧,甚至在燃烧室里放进一个微型炸弹,在发动机工作时引爆,用以检验发动机能否自主回归稳定的工作状态。最终的实验成果是,在燃烧室加入几块隔板,终于成功克服了燃烧不稳定。

F-1 发动机总算是成功了,但最后土星 C-3 火箭却未被选为登月火箭。因为 NASA 还是对地球轨道交会方案没信心,而月球轨道交会方案又需要更大的火箭。为了这个目标,土星系列火箭发展出了最终版本——土星 5 号。110.6 米高、3 000 多吨重的土星 5 号一级火箭,共搭载了 5 台 F-1 发动机。它们每秒燃烧掉 13 吨煤油和液氧,并将燃气加速至 8 马赫以上喷出,制造接近 3 500 吨的推力。160 多秒后,一级火箭的 2 200 吨燃料和液氧耗尽,火箭此时已达到 68 千米高度和 10 000 千米 / 小时的速度。

在一次博物馆参观时,一个热爱航天的游客找我聊天说:在土星 5 号发射时,科学家甚至能测量出这次发射导致的地球自转轴的偏转! 可见集中了当时人类最新科技的土星 5 号火箭,拥有多么惊天动地的力量。我曾经开车路过密西西比州,开着开着,就被路边

冯·布劳恩站在五台 F-1 火箭发动机旁（© 维基 / 公版）

土星五号的二级火箭（©rahfaldt 摄 / 公版）

出现的一枚巨大的火箭吸引了过去，开到跟前才发现，那是土星 5 号发动机 F-1 的测试场地——NASA 的斯坦尼斯航天中心。旁边的一座博物馆外面还陈列着包括 F-1 在内的多台火箭发动机，还有一枚完整的土星 5 号一级火箭。超过 10 米的箭身和 5 台巨大的 F-1，气场相当撼人。

飞船登月的基本步骤

当一级火箭结束工作并分离后，二级火箭上面装的 5 台 J-2 发动机点火，继续推进飞船；当二级火箭燃尽并分离后，装有一台 J-2 发动机的三级火箭点火，将飞船送入待机轨道，在这里测试飞船中的模组功能；确认一切正常后，三级火箭再次点火。将飞船送入月球转移轨道。在飞向月球的期间，指令／服务舱脱离三级火箭并"转身"，用正面和登月舱对接，然后带着登月舱脱离三级火箭。这时，土星 5 号的三级火箭完成全部工作，剩下的就看宇航员和阿波罗飞船了。

当飞船接近月球后，会因为月球引力而绕月球运行。如果阿波罗飞船出现一些异常情况，飞行员随时可以选择放弃任务，飞船会脱离月球引力，返回地球的怀抱。但如果飞船一切正常，服务舱上安装的发动机便会点火、减速，使飞船被月球引力捕捉并进入绕月轨道。

接下来，两名登月宇航员进入登月舱，一名宇航员继续留在指令舱中。在宇航员检查登月舱并确认一切功能完好后，登月舱发动机点火，反推，减速，逐渐降低高度，最终横着飞跃月球表面，宇航员会选择一块平整的月面来进行登陆，登月舱再转身至垂直状态下降，发动机再次点火减速，登月舱就能安稳地降落于月球表面了。这时宇航员做好准备，走出登月舱，进行一些科考活动，取回一些月壤、月岩返回登月舱，准备返程。

登月舱抛弃下面的降落层，上升发动机点火起飞，逐渐加速提升轨道高度，并最终在月球轨道和指令／服务舱对接，两名登月宇航员和带回来的月球样本回到指令舱，登月舱被抛弃，指令／服务舱再次点火加速，使飞船脱离月球引力回到地球。当回到地球轨道时，

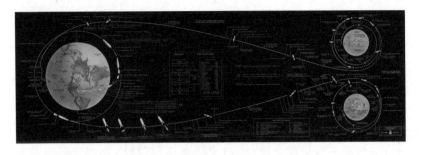

阿波罗计划登月路线艺术插画（©NASA/ 公版）

服务舱的任务也就完成了。在抛弃服务舱后，指令舱单独重回大气层，其盾状的厚重隔热瓦，保护着舱内宇航员的安全。最后降落伞打开，指令舱降落到海面上，再被旁边焦急等待的海军舰船回收，登月的壮举才算是完成了。

回看整个 20 世纪，从马车到汽车，从没有飞机到惬意的洲际飞行，再到互联网的发明和普及，人类的生活经历了翻天覆地的变化。但是载人飞船登月，无疑是 20 世纪乃至整个人类历史上最杰出的成就之一——我们把脚印踩到了另一颗星球上！

即使天才如布劳恩，也无法只靠他一人完成这一壮举，在阿波罗计划的开发阶段，足足靠着 40 万航天人的通力合作，才最终实现了这一幕。

土星 5 号火箭在总计 17 次发射任务中从未失败过，凭如此惊人的尺寸和重量以及应用的最新技术，却能做到 100% 成功率。反观，在太空竞赛中与土星 5 号的尺寸、重量相似的苏联 N-1 登月火箭，却由于没有大推力火箭发动机可用而多次折戟。N-1 的一级火

如何离开地球表面

箭装备了 30 台 NK-15 发动机,尽管数据上非常优秀,比冲甚至比 F-1 高了很多。但也是由于装了那么多台发动机,不太可能同时正常运作,所以发射 4 次全部失败。在第二次发射中。N-1 甚至直接在发射台上爆炸,也是人类历史上最大规模的火箭爆炸事故,整个发射场不幸被夷为平地。还是那句话,稳定燃烧的发动机才是火箭的命门。

救援阿波罗 13 号

在数次阿波罗登月任务中,几乎每次都成功,只有一个例外——阿波罗 13 号,即阿波罗计划中的第三次登月。

就在它发射不久后,宇航员就遭遇了二级火箭中央发动机提前关闭的问题,因为土星 5 号有一定程度的冗余设计,由其他发动机补充燃烧,才挽回了失去的动力。在飞往月球进行变轨后还有一段小插曲:指令舱驾驶员杰克·斯威格特突然想起自己还没报税,等登月任务结束回到地球就错过了报税期限,最后他在地面控制人员的指导下以"出国"的理由延期报税 60 天。这件事让飞船内和地面控制中心里的气氛一下轻松了不少,却不知悲剧即将到来。

在阿波罗飞船和三级火箭分离,在指令 / 服务舱转身和登月舱对接后飞向月球的过程中,斯威格特根据命令打开了氧气罐中的搅拌器,以便精确地读取罐内压力。在搅拌器启动 95 秒后,飞船上突然发出一声巨响,电力供应剧烈波动,姿态控制发动机点火启动。斯威格特立即向地面控制中心汇报,说出了航天史上知名度仅次于阿姆斯特朗登月宣言的那句名言:"休斯敦,我们有麻烦了!"宇航员很快发现 2 号氧气罐已经空了，1 号氧气罐存量也在急剧下降。在氧气几乎全空的情况下，供电用的燃料电池就开始消耗氧气调压罐中仅剩一点氧气。于是宇航员决定停止氧气供应，给飞船断电。

看着窗外漫天飞舞的爆炸碎片，宇航员最初还以为是飞船被小流星击中了，但很快反应过来这是氧气罐爆炸了！没了燃料电池供电，指令舱已经无法支持宇航员的生存。三名宇航员决定转移到本来只为两名宇航员短暂停留设计的登月舱中维持生命。

在原本的登月方案中，如果在月球轨道遇到问题，指令／服务舱可以抛弃作为死重的登月舱，开启主发动机驱动飞船，转移到能返回地球的转移轨道。而此刻，登月舱非但不是死重，反而是宇航员活命的希望，也无法抛弃了。原本只能支持两名宇航员生存一天半的登月舱，现在不得不支持三名宇航员生存四天，尽管登月舱的氧气还算够用，但用来吸收宇航员呼出二氧化碳的氢氧化锂不够用，如果无法移除空气中越来越多的二氧化碳，三名宇航员最终肯定会因为缺氧而死。

失去电力的指令舱里倒是有充足的氢氧化锂，但容器的尺寸和登月舱里的不匹配。NASA 的地面工程师在桌子上摆出所有宇航员在飞船里能用上的东西，想方设法拼凑一个可行方案。如果再晚几个小时，宇航员就窒息而死了。在地面工程师的指导下，宇航员把一个宇航服气管切下来，再加上胶带、魔术贴、操作手册封皮等能一切用得上的怪东西，做出了一个被命名为"邮箱"的设备，效果立竿见影，二氧化碳含量立即就下降到了无害水平。

就在 NASA 工程师解决二氧化碳问题的时候，轨道工程师也飞

如何离开地球表面

速计算出了合理的返回路径：本来用于登月减速的发动机经过数次点火加速，驱动飞船变轨至转移轨道。虽然呼吸和变轨问题都解决了，但是宇航员还需要饮水和维持体温。本来坏掉的燃料电池在供电的同时会产生水，可供宇航员饮用，但现在不仅没电了，连水也没了。因为登月舱是以银锌电池供电的，不能在工作中生成水。斯威格特赶紧从指令舱中接了几袋水回到登月舱，在接下来的时间里，每个宇航员每天的用水量仅限制在 0.2 升。

维持温度需要消耗大量电力，在少了电力供应的飞船里，气温骤降至 3 摄氏度。三名宇航员穿上登月靴和额外的外套来勉强维持体温。同时，因为温度过低，飞船里开始形成冷凝水，而侵入电子元件的冷凝水可能会导致短路，给奄奄一息的阿波罗飞船再补上致命一击。指令舱在设计之时，本来就没考虑过在太空中完全关闭电力系统再启动的情况，更何况是在极低电力供应水平的情况下。地面工程师又在极短时间内找到了节约电力的重启方式，阿波罗飞船得以逐渐恢复工作，没有发生短路。想必 NASA 在阿波罗 1 号任务中的短路导致飞船失火的事件中吸取了很多教训，并应用在了阿波罗 13 号的飞船上。

指令舱重启工作，飞船也逐渐接近地球，登月舱的下降发动机再次启动，调整飞船轨道。随后，在抛弃服务舱后，宇航员第一次看到了受损的服务舱——外表有一整块面板不见了，氧气罐、电池和天线受损，到处是爆炸碎片，而且推进发动机也受损了。这一现实证明，宇航员选择用登月舱反推发动机是个明智的选择。假如当时用了服务舱的发动机，也许会造成更大的灾难。

在飞船返回地球之前，还剩下最后一个问题。本来登月舱设计在月球轨道就已经脱离了指令／服务舱，现在不仅没有分离，本来用于执行分离操作的服务舱也被抛弃了。如果它带着登月舱进入大气层，那肯定是船毁人亡啊。机智的地面人员再次快速找到解决方案：给指令舱和登月舱对接处充气，在两舱分离时，中间的气体冲出来，产生的反作用力可以把它们分离开来。这说起来容易，但如果充气压力太大，指令舱就会受损，无法完好返回地球；如果压力太小，指令舱又无法和登月舱完全分离，会在重回大气时发生碰撞。幸好最后分离成功，也验证了地面人员紧张的计算结果。在长达数天的时间里和极大的压力下工作，在浩瀚宇宙中只有自己、队友和一艘严重受损的飞船，而母星地球只是视野中的一个蓝点，各种情况令人绝望。然而，在乐观冷静的态度下，加上地面工作人员的出色表现，终于让指令舱带着三名宇航员成功返回地球。阿波罗13号的登月失败和成功返回，证明了人类登月不是鲁莽之举，登月成功也不可能是巧合。

布劳恩带领团队研发土星5号，完成了登月这一壮举，自己也成了人类航天史上最耀眼的明星，放眼整个航空航天领域，恐怕也只有莱特兄弟的知名度比他更高了。但这位"火箭之父"并没有停下脚步，在登月成功后，又被任命为NASA副局长，还完成了航天飞机的初步设计。但是在1973年，布劳恩不幸被确诊肾脏肿瘤，可他没有退隐山林、安度晚年的意思，又把事业重心放在培养学生上。这一点在我的求学路上也是感同身受，本科低年级的课都是由学院院长上的，而且能看出功成名就的院长们，把培养本科生当作自己

坠海后被打捞上来的阿波罗 13 号登月舱（© 维基 / 公版）

最重要的事业。德国宇航局航空部长亨克教授，在一次讲座中介绍
了欧洲航空工业对 2050 年的远景规划，他说："这个目标非常远大，
我不知该如何实现它。但这并不是我的任务，我的任务是教导你们，
你们才是实现这个远大目标的人！"这番话当时令我十分触动，一
代代的工程师站在先辈的肩膀上，越爬越高，只用了几百年，从蒸
汽机到登月火箭、超音速客机，这些古人想都不敢想的、魔法一般

的造物，如今竟然全都实现了，而且在不远的将来，还可以为人人享用。

　　下一章我想聊聊人类在外太空生活的基础——轨道空间站和航天飞机。

第十三章

空间站与航天飞机

天上宫阙

空间站的雏形：天空实验室

"当时那种对天国的渴望，使我们以极快的速度往上升，快得就像你们抬头见天一样快。贝德丽采仰望上空，我则望着她，顷刻之间我到了一个奇特而难以形容的地方……"文艺复兴早期，但丁在他的《神曲》中如此想象人从炼狱升入天堂的过程，以及在天上看到奇异景象。如今，人类已经可以真的前往太空，一睹其真容，而不是依靠想象。对人类来说，地球是家园、是一切，而在太空中向下看，地球也不过是浩瀚宇宙中的一粒尘埃。

2016 年，我在图卢兹的一场研讨会上听法国宇航员菲利普·佩兰分享他在国际空间站的经历。宇航员的工作非常繁忙、辛苦，但在休息时，偶尔也可以飘浮在窗前，静静地望着我们的地球。菲利普说，最让他震撼的一点是：尽管我们站在地球上，目光所及之处可以用"天高海阔"来形容，但是在太空中能看到的大气层仅仅是

15 世纪一本但丁《神曲》手稿插图中飞向月亮的场景（© 亨利·耶茨·汤姆森，原书为大英博物馆藏）

薄薄的一层，既美丽而又脆弱。

　　早在 20 世纪 50 年代，布劳恩已经多次在不同场合表达自己对空间站的设想——10 名宇航员可以在轨道上的空间站中一起工作，进行天文学、气象学、物理学等研究；同时，空间站还可以作为前往月球甚至火星的基地。在那个年代，人类的航天科技还不足以完成如此宏大的工程。而到了 60 年代，人们的注意力和预算又被吸引到登月项目上，布劳恩所设想的空间站计划，并没有阿波罗计划推进得那么迅速。

　　在 6 次成功的阿波罗登月任务后，登月探索的收益呈现递减趋势，而成本却一点没有降低，加上越战消耗着美国的财政资源，于是阿波罗 17 号以后的所有任务全部取消。但是，已经为阿波罗计划制造的土星 5 号火箭既昂贵又强大，不能就这么浪费了啊。早在 1969 年尼尔·阿姆斯特朗踏上月球之前，布劳恩已经开始了空间站的设计工作，他最初提出了一个大胆的方案。

土星 5 号火箭的二级火箭燃料为液氢，密度极低，所以装液氢的燃料罐体积也就非常大。当二级火箭燃尽后，那么大的空燃料箱就成了一个非常优良的密闭空间，布劳恩想：为什么不能把二级火箭燃料箱改造成空间站呢？

土星 5 号一级火箭虽然强大，但依旧不能把大载荷直接送入近地轨道，必须让二级火箭继续工作才能完成入轨任务。在布劳恩的方案中，二级火箭的燃料罐里装有空间站所必需的设备，同时又是一个燃料罐，当二级火箭完成推进工作后，将内部剩余燃料排入太空；打开门，在上面的货舱插入燃料箱后再关门，燃料罐再次加压，成为宇航员的生活空间；而二级火箭较小的液氧罐，则被用作废物收集罐。由于宇航员的生活空间在火箭发射时被浸泡在液氢燃料中，因此这个方案又被称为"湿车间"。

然而，由于 NASA 的预算降低和阿波罗计划的夭折，"湿车间"最终被放弃，改为制造一种较为保守的"干车间"空间站，并命名为"天空实验室"。1973 年 5 月 14 日，天空实验室由改装的土星 5 号发射升空，但这次发射并没有携带任何宇航员。尽管成功进入轨道，但空间站也在发射过程中严重受损，遮光板和一个主太阳能电池板都没了，而且流星撞击的碎片还卡住了其他太阳能电池板，导致它们无法展开。在天空实验室发射的 11 天后，一枚土星 1B 火箭又将 3 名宇航员送上天空实验室，第一步工作就是维修。天空实验室计划中一共执行过 3 次载人发射，每次携带 3 名宇航员。在100 多天的时间里，这 9 名宇航员进行了总计 42 小时的太空行走、

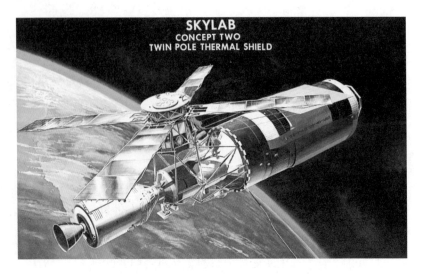

天空实验室艺术概念图（©NASA/ 公版）

2 000 小时的科学实验，以及对地球和太阳的大量拍摄。

 无论是相比于阿波罗飞船还是苏联的"礼炮"空间站，天空实验室的尺寸、重量和功能都是很强大的，它在 2 249 天里获得了无数宝贵的科研成果。这么大的内部空间，让宇航员可以舒服地洗澡、健身，还大幅改善了饮食条件（也是对阿波罗计划宇航员抱怨饮食太差的回应）。另外，NASA 还提供了电影和游戏等娱乐，但是宇航员们对这些并没有太大兴趣，只带了一些自己挑的书和唱片。本来 NASA 还想继续用天空实验室进行更多的任务，所以最后一批宇航员离开的时候，既没有用完物资，也没锁门，临走时还给下一批宇航员留下了欢迎标语。但在 20 世纪 70 年代，太阳活动进入活跃周期，导致地球表面温度升高，大气层厚度增加，给天空实验室造成了一定的飞行阻力，使它的轨道不断降低。如果不补充燃料启动发动机，再提速和增加轨道高度，它最终必然会进入大气层被烧毁。而 NASA 已经准备好了下一代航天器，可以用来拯救天空实验室，但遗憾的是，新的航天器的研发速度并没有赶上天空实验室的下降速度。最终，天空实验室在 1979 年 7 月 11 日重回大气层。烧毁的碎片散落在澳大利亚的珀斯，当地政府还因此给 NASA 开出了 400 美元的罚单，理由是"乱扔垃圾"。

从亚轨道轰炸机到航天飞机

NASA 的下一代航天器又跟纳粹德国的特殊武器有些渊源，当时纳粹德国认为轰炸机的航程还不够，而 V-2 导弹的打击精度也不够，如果有一种飞得极高、极快、航程又极远的轰炸机就好了，当时的传统飞机当然无法满足这些自相矛盾又苛刻的要求。

二战末期，奥地利航空工程师欧根·桑格尔与他的妻子兼助理、德国工程师艾琳·布莱德一起提出了一个方案——"银鸟"亚轨道轰炸机，它需要通过运载火箭发射升空，当火箭燃尽分离后启动自身发动机，继续加速和提高轨道高度，最终在 145 千米高度的太空中达到 21 800 千米 / 小时的飞行速度。理论上说，当时还没有一种飞机或任何武器足以威胁到它。当银鸟返回大气层时，会因为大气密度的增加而获得更高升力，返回更高的高度，然后再次下降，就像打水漂一样在大气层上极速飞行；当飞至目标上空时可以投放一枚 3 600 千克的炸弹,再继续飞行。理论上说,一架从德国起飞的银鸟,

银鸟亚轨道轰炸机（© 亨廷顿图书馆 / 公版）

可以直接轰炸纽约并继续飞行，降落至同为轴心国的日本。

银鸟的方案有一个缺陷——在飞行器重回大气层时会经受剧烈的高温，如果不做防护，那飞行器还没等投弹自己就化作了一团绚烂焰火；但假如加装一些隔热层，又会让飞机本身过重，很难起飞和达到预定高度和速度，这个计划最终宣告失败。

美国在二战后也曾经尝试过这个思路，从 X-1 到 X-15、X-20，速度越来越快，高度也越来越高。本来 X-20 可以直接进入轨道，但因为双子星计划的上马而取消，不过关于"火箭发射—滑翔降落"这个航天器设计方案积累了大量研究。在 20 世纪 60 年代，土星 5 号超强的运力，实现了众多过去难以实现的目标。但是超强运力也就意味着超高成本，一头吞金巨兽，从肯尼迪航天中心发射纵然壮观，但这么烧钱，的确不是长久之计。

在 1968 年，NASA 正式重启可复用的载人航天器计划，毕竟这样飞船回来修一修还能再次发射，可以省不少钱。这个计划此后演变为今天的航天飞机。在对比了几十种方案后，最终计划确定为：由一架背负货舱的航天飞机"抱着"巨大的燃料罐，燃料罐两侧各安装一根固体火箭助推器。为了节约成本，这个固体火箭助推器也可以进行回收、翻新，再次发射，但燃料罐就只能是一次性的。但即使是这样，工程师已经是非常"勤俭持家"了。

航天飞机发动机

当时，NASA 看了看自家仓库里能用的火箭发动机型号，RL-10 和 J-2 都无法满足性能需求。强大的 F-1 煤油发动机，虽然推力够，但燃料组合限制了比冲，而且因为煤油燃烧会结焦，堵塞。如果要复用火箭发动机的话，得将发动机拆开进行细致的清理、检修工作，翻新的成本可能比重造一架低不了多少。洛克达因公司再次获得了 NASA 的合同，为航天飞机研制了主发动机，此型号最后被命名 RS-25，或者 SSME，即**航天飞机主发动机**（Space Shuttle Main Engine）的缩写（名字挺没创意的）。

由于美国的航天技术经历了 20 年的高速发展，以液氢液氧为燃料的 SSME，所有性能指标又上了一个台阶：真空比冲达到了 452.3 秒，燃烧室压力超过 206 倍大气压，发动机的工作循环也比燃气发生器循环更加先进。

前面讲过，在燃气发生器循环中，一部分燃料和氧化剂以低效

斯坦尼斯航天中心的一台航天飞机主发动机正在测试安装（©NASA／公版）

的富油燃烧推动涡轮，让整个发动机运行起来，未完全燃烧的燃气就这样被排出去，没有制造推力。那么，假如把这部分燃气也注入燃烧室再次参与燃烧，不就能提高发动机效率吗？这就是**分级燃烧循环**（staged combustion cycle），**也叫闭式循环**：一部分燃料和氧化剂在燃气发生器中进行第一次燃烧，推动涡轮后再被注入主燃烧室进行二次燃烧，分为两级。

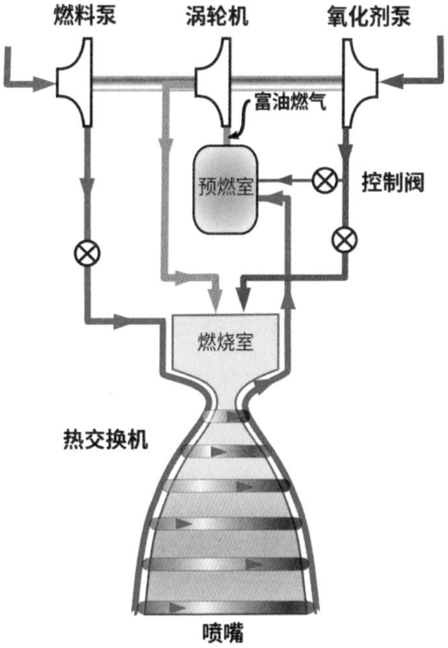
燃料泵
涡轮机
氧化剂泵
富油燃气
预燃室
控制阀
燃烧室
热交换机
喷嘴
分级燃烧循环工作原理（© 维基 / 公版）

原理听上去也不是特别复杂，那为什么在 SSME 之前，西方世界还没出现分级燃烧的火箭发动机呢?

因为实际操作难度大。高性能不是白来的，这种发动机工作过程十分复杂，研制难度极高。在燃气发生器循环中，燃气发生器排出的燃气进入涡轮后，直接和外界相连，这时候涡轮的**背压很低**，这就保证涡轮压比可以做大，功率提升（背压指发动机排气的阻力压力，当背压升高时，发动机则会排气不畅，影响发动机的动力）。

但是在分级燃烧中，问题就更复杂了。从燃气发生器（预燃烧室）

排出来的燃气，要再进入主燃烧室。为了提高火箭的比冲，主燃烧室的压力一定不会太低，所以预燃烧室的背压一定很高，如果想把功率做大，把更多的燃料／氧化剂泵到更高的压力，就变得异常困难，因为涡轮会被压榨到极致，工作环境非常严苛。

而且，在燃气发生器循环中，燃气发生器和主燃烧室是相对分离的，工程师在设计时多了一点自由度，让这两个东西能各自缩放。但在分级燃烧循环中，预燃烧室和主燃烧室肯定得挨着，相互绑定，不能各自缩放。发动机在工作中，又需要更多的管线来输送燃气，以及更多的反馈控制循环，这些大大增加了系统的复杂性。

当然，洛克达因的工程师不负众望，还是实现了预期性能。SSME 什么都好，就是有一个缺点——太贵，不过既然能重复使用，贵一点儿也就忍了，多用几次，分摊一下就好了。

为了实现高性能，洛克达因的工程师一口气战胜了许多挑战。SSME 的高压氢泵，输出 57 兆瓦，即超过 76 000 马力，再加上高压氧泵输出 16 兆瓦，即超过 21 000 马力，合计约 10 万马力。平均每 1 磅（约 450 克）重量就能产生出 100 马力的轴功率。而且，这泵虽然工作到几万转，却不能用普通润滑油来润滑轴承，而是用 -100 摄氏度的液氧来润滑的。再加上其动力来自预燃烧室，高热的贫氧燃烧气体推动着涡轮，涡轮驱动同轴的泵。一旦高热的、未完全燃烧的气体接触到纯氧，那就直接爆炸了。这对涡轮泵的气密系统也提出巨大挑战。为此，工程师想出的解决方法是，在燃气端和氧气端中间吹入惰性气体——氦气——用于隔绝。

在经历滑翔、降落和振动等测试以后，1981 年 4 月 12 日，"哥伦比亚"号航天飞机首次发射升空。时间就在天空实验室烧毁于大气层一年多以后。哥伦比亚号的发射很成功，在轨道上对航天飞机上各种复杂的设备进行了检测，空军还利用自己的卫星帮助拍摄航天飞机的底面确认没有在发射过程中受损，两天后哥伦比亚号在爱德华兹空军基地顺利着陆，40年前的狂想成为现实。

美国一共制造过5艘航天飞机，在30多年中共执行了135次飞行任务。著名的哈勃空间望远镜，就是由航天飞机送入太空，并且多次由航天飞机帮助维修的。在这135次飞行任务中，一共发生过两次悲剧性的失败。第一次是在1986年1月28日，"挑战号"航天飞机发射升空时，一枚固体火箭助推器的密封环失效，内部高温高压的燃气泄漏，最后由此引发连环失效，飞机在空中解体，7名宇航员全部遇难。第二次是"哥伦比亚号"航天飞机，在起飞后由于外挂燃料箱"橙罐"的绝热材料破碎，击中了飞机的左翼前缘，还损坏了此处的隔热盾。在上升和进入轨道时，还没有太大影响；但少了这块隔热盾，哥伦比亚号机翼在重回大气层时受损。整个航天飞机在空中解体，7名宇航员的遗体和航天飞机碎片散落在美国南部。由于此次事故，美国所有航天飞机停飞两年。

NASA的工程师认为，发射过程中，航天飞机隔热盾的损坏几乎是难以避免的。从此，NASA不再使用航天飞机执行前往国际空间站以外的任务。只有一次例外，2009年修理哈勃太空望远镜。虽然航天飞机能重复使用，但每次翻新的成本也极高，甚至违背了最初的低成本发射的目的，因此，美国所有的航天飞机在2011年集体退役。一架能进入太空并且降落在跑道上的飞机，这满足了多少航

挑战号爆炸时的浓烟（©维基／公版）

天爱好者天真的幻想。以德国的科隆与波恩机场作为例子，我在德国学习私人飞行执照时，练习和空中交通管制之间无线电交流，发现这个机场有一条跑道长得出奇，一问教练才知道，这是作为航天飞机在欧洲降落的预备跑道而特意加长的。尽管没有一架航天飞机曾在这里降落，却依旧让这座机场显得更浪漫了。

　　航天飞机虽然没有土星 5 号那么巨大，但是起飞重量依然超过 2 000 吨，德国宇航员格哈德·席勒曾经在第 96 次航天飞机任务中乘坐"奋进号"航天飞机升空，他给我们上课时，回忆起初次站在航天飞机前。他当时简直不敢相信眼前的巨人可以拔地而起、飞入太空。在一次观看航天飞机升空时，我站在数千米以外，当航天飞

如何离开地球表面

机达到几十千米高度时，抬头望天，脸上还能感受到航天飞机发射喷出的热浪。

国际空间站的建立

航天飞机项目将人类航天技术再次向前推进一大步，而由航天飞机参与搭建的国际空间站，也成为多个国家在航天领域合作的一大壮举。天空实验室被迫退役后不久，NASA 就希望再次建立一座新的空间站，这个项目被命名为"自由号空间站"。在苏联解体以后，自由号随着"星球大战"一起被搁置了。但这个项目并未被埋没，而是以更宏伟的规模回归：NASA 和俄罗斯联邦航天局开始在航天领域进行新的合作，共同建设新的空间站。

1998 年 11 月 15 日，从拜科努尔太空中心发射的"质子号"运载火箭，将国际空间站的第一个舱室——"曙光号"功能货舱送入轨道。19 天以后，奋进号航天飞机携带"团结号"节点舱与曙光号在轨道上会合，并且顺利对接。2000 年 11 月 2 日，第一批宇航员进入国际空间站，这 20 多年里，由几十个舱室组成的国际轨道空间站不断被建设和完善。即使在今天，也不能说它的建设已经结束了。NASA、俄罗斯联邦航天局、日本宇宙航空研究开发机构（JAXA）、加拿大航天局和欧洲空间局（ESA），以此前从未有过的紧密合作共同进行建设国际空间站，进行了无数重要的科学实验，也获得了天文学、地理学、气象学和生物学等领域的无数科研成果。如今，国际轨道空间站已经是重 400 吨、长 173 米、宽 109 米的"天上宫阙"了，在晴朗的夜晚，如果它恰巧路过头顶，我们甚至能用肉眼观测到它。

　　国际轨道空间站除了接待过多个国家的 200 多名宇航员进行维护和科研工作，少有人知的是，它还接待过 7 名自费旅客。虽然票价极其昂贵，而且需要让旅客接受一定的宇航员训练，但依然挺受欢迎的。而且，从能接受自费旅客这件事来看，国际空间站还是相当开放的。就在 2020 年初，NASA 宣布允许商业舱室永久性对接在国际空间站。一家来自休斯敦的名叫 Axiom Space 的私人公司宣布会开发"太空酒店"，将其发射并对接在国际空间站上，以后富豪们又多了一个新的度假胜地。

　　除了允许对接舱室以外，国际空间站很早就开始允许私人企业在付费的前提下在其中做实验。我听过的一个很有趣的案例：霍尼韦尔（Honeywell）公司研制了新的制水模块，可用于载人航天项目，想卖给 NASA。但 NASA 并不买账，于是霍尼韦尔自费把这个模块送进了国际空间站进行工作测试，结果成功了。但是，NASA 依旧不愿付钱。直到国际空间站宇航员饮用水有些紧张了，霍尼韦尔不再出售模块，而是出售它制造的水。最后还是应了那句俗话："买的不如卖的精。"

　　国际空间站服役了 20 多年，已经渐显老态。宇航员大量的工作只是在维持空间站的运行，效率并不高。而且，在美国的航天飞机退役以后，只有俄罗斯联盟号飞船可以运送宇航员到空间站，但每艘飞船只能装 3 名宇航员，这在一定程度上限制了国际空间站的常驻宇航员数量。因为，一旦遇到紧急情况要疏散时，两艘飞船一共只能撤走 6 人，所以这也就成了现在国际空间站规定的满员人数。

国际轨道空间站（© 维基 / 公版）

在航天飞机退役之前，宇航员可不止 6 人。他们大部分的时间都在做维护工作，而实际进行科研产出的时间被大大压缩，如果能再多来几个宇航员一起合作，那效率肯定要高多了。所以，NASA 不仅要忍受俄罗斯联盟号垄断市场的敲竹杠价格，而且要忍受空间站的低效率。直到最近，由美国私人企业 SpaceX 研制的载人"龙"飞船，才开始打破俄罗斯飞船的垄断。

国际空间站预计会服役到 2030 年，等它退役以后，这部分预算会转移到更加宏大载人航天项目上。以 SpaceX 为代表的私人航天创业公司，远远不只是制造了载人飞船而已，全球的商业航天版图，已经被这些打破平衡的"鲶鱼"彻底改变了。下一章我们就以 SpaceX 为例，聊一聊民用航天的最新技术。

第十四章
民用航天的入场

新玩家

SpaceX：把跑车送上轨道

2018 年 2 月 6 日，两枚火箭助推器驾着烈焰从天而降，稳稳地落在了肯尼迪宇航中心降落区，这一幕犹如科幻电影。而更加科幻的还在天上：一具名叫"Starman"的假人（出自大卫·鲍伊同名歌曲），穿着 SpaceX 的太空服，驾驶着一辆敞篷电动跑车，中控屏幕上写着一句英文"不要惊慌"（DON'T PANIC，出自《银河系漫游指南》）。通过汽车挡风玻璃，能看到地球和地球背后的浩瀚宇宙。就在发射前，这辆汽车的音响里还在循环播放歌曲《太空怪谈》，车里的一块电路板上还印着一行字"Made on Earth by humans"（由人类在地球制造）。这可不是哪个富有的航天爱好者的行为艺术，或者集中投放的另类广告，而是美国唯一现役超重型火箭的首次发射测试。

从齐奥尔科夫斯基的航天梦到国际空间站成功组建，人类只用了短短 100 年。在这段时间里，航天技术迅猛发展，同时从业行业门槛也是水涨船高，仅靠梦想是很难进入这个资金与技术壁垒高企的领域。但是，事实并不是这样铁板一块的，这个世界永远都不缺梦想家。

在2001年，有个叫埃隆·马斯克的创业者想要送一些植物到火星上去，想以这种新奇的话题吸引公众注意力，以便给NASA增加点儿预算。但美国的火箭不仅太贵了，还有点供不应求，全世界大量的卫星等着火箭发射，低成本送植物去火星的梦想基本上是破灭了。马斯克并不甘心，就去俄罗斯询问俄罗斯火箭发射一次多少钱，但依旧是无法承受的昂贵。就在从俄罗斯回到美国的飞机上，他粗略算了一下火箭材料，虽然昂贵，但是这只占火箭发射报价3%，如此超高的利润率，何不自己制造火箭呢？一枚昂贵的火箭只能用一次，这太浪费了。如果在火箭的箭身和发动机研制过程中都考虑重复使用，成本不会增加太多，但是每次发射的成本会大幅削减。既能往火星上送植物，还能解决国际商业发射市场上供不应求的情况，当然还能赚钱。假如能够自主生产和重复利用火箭，那发射价格降低到目前的10%，依旧能获得70%的超高毛利率。2002年初，马斯克的这个梦想化为了太空探索技术公司（Space Exploration Technologies Coup.，简称SpaceX）。

高性价比的民用火箭

造火箭最重要的一环还是发动机，如果从市面上购买火箭发动机，那就又失去价格优势了，低成本发射的模式也就破产了。但如果自主研发火箭发动机，所需要的基础设施和设计运载火箭的主发动机的成本，对于一家创业公司来说简直是天文数字。好在 NASA 作为美国纳税人养的单位，会向美国公众免费开放知识产权，前提是有正当用途。

在过去几十年的太空竞赛中，NASA 已经获得了非常丰富的成熟火箭发动机型号，涵盖了不同推力级别、燃料组合以及用途，如果设计新的火箭和航天器，大多数情况下直接将已有型号稍加改造即可。在 20 世纪 90 年代，NASA 意识到，马歇尔太空飞行中心新招聘进来的很多火箭工程师都缺乏一线开发经验，遂决定以设计一台简单、低成本的液氧煤油火箭发动机来锻炼一下新人，让他们积累经验。

这就是 Fastrac 发动机项目，它的上马原本就是为了锻炼年轻工程师，而不是为一个火箭项目开发对应需求的发动机。Fastrac 项目选择了液氧-煤油的燃料组合，虽然比冲低于强大的液氢-液氧火箭，但是开发和制造成本都更低。发动机的循环方式，也选择较简单的燃气发生器循环，而且排气管并不像 F-1 发动机那样接入喷管尾部，将尾气用作冷却气保护喷管，Fastrac 的喷管，就是很简单地从发动机旁边支出来，仅此而已。除了发动机本体以外，NASA 还改进了传统的供应商管理体系。这款发动机从上马到点火测试，仅仅用了两年时间，更别说那还是 1996 年，那时的计算机模拟等技术远远比不上今天。

Fastrac 的数据一点都不漂亮：主燃烧室压 43 倍大气压，真空比冲达 319 秒。同样，燃料组合出色的 RD-170 则拥有 245 兆帕主燃烧室室压，真空比冲达 338 秒。虽然没有亮眼的数据，但是 Fastrac 项目实现了 NASA 给它定的目标——锻炼新人。而且，在种种压缩成本的组合手段下，它真的成本很低。遗憾的是，它从来都没有上过天，不过上天本来也不是它的目标。

刚刚创业的 SpaceX，立即就瞄上了 Fastrac，虽然没有直接复制 Fastrac，但是 SpaceX 的发动机"梅林"的设计，大量参考了 Fastrac，毕竟两个项目的目标是一致的：设计和生产上的低成本。和 Fastrac 一样，梅林发动机当然也选了液氧-煤油的燃料组合，还有燃气发生器循环。不过这次，室压提高到了 97 倍大气压，推力也高了几倍，但真空比冲只有 311 秒，甚至略低于 Fastrac。

为了降低成本，第一代子型号梅林 1A 发动机，甚至采用了**烧蚀冷却喷管技术**，而这种技术通常是用在固体火箭发动机上的（让喷管材料本身融化、蒸发、升华，带走一部分热量），而不是像其他液体火箭发动机那样让燃料从喷管流动预热，同时让喷管冷却。装备梅林 1A 发动机的"猎鹰 1 号"火箭成功进入轨道，成了世界上第一枚由私人企业研制发射成功入轨的火箭。

后期的梅林发动机改进型——梅林 1C 转而采用再生冷却喷管，于 2007 年点火成功，并于 2010 年第一次作为"猎鹰 9 号"的发动机顺利完成任务。梅林 1C 的实际使用寿命可以支持 10 次飞行，这也是为什么回收火箭有商业意义。而梅林系列的下一个版本 1D 型于 2012 年结束开发，2013 年首飞，真空比冲达到 310 秒。推力、寿命、可靠性都得到了提升；另外，生产成本进一步降低。装备了梅林 1D 的"蚱蜢"火箭，经过几次垂直发射再垂直降落返回发射台的测试，

猎鹰 9 号尾部的梅林发动机阵列（©SpaceX/ 公版）

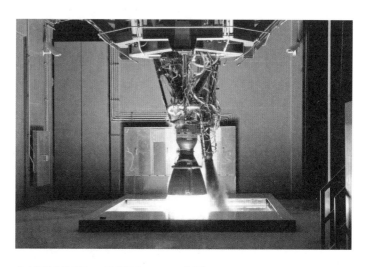

点火测试中的梅林 1D 发动机（©SpaceX/ 公版）

验证了 SpaceX 回收火箭的技术路线。首飞于 2010 年、装备了 9 台梅林发动机的猎鹰 9 号火箭，在 2015 年成功实现了一级火箭回收，本来就不高的发射成本，再次大幅降低。SpaceX 的猎鹰系列火箭成本低运力充足，快速抢占了世界商业发射市场，如今已经是全世界发射量最大的火箭了。而且，也是因为猎鹰系列火箭的低成本，使得很多航天应用产生了经济效益。比如，一些创业公司研制的微型卫星，如果通过传统火箭制造商来发射，收支会相抵，就没有任何商业价值了。而近几年，这些制作微型卫星的创业公司，正如雨后春笋般涌现。

低成本的人造星座

有了低成本火箭，由微型卫星组成的"星座"也成为可能，比如，SpaceX 就提出并执行了一项宏伟的计划——"星链"（Starlink）。它计划向近地轨道中发射 12 000 颗卫星，而现在地球轨道上一共也只有 6 000 多颗卫星，其中只有一半还在运行。组建星链的这些重量只有 200 多千克的小卫星，相互之间可以通过激光传输数据。这么密集的卫星覆盖整个地球，只要能看到天空的地方，有一个书包大小的接收器，就能接入互联网了。这对于没有网络基础设施覆盖的贫困地区来说是个福音，因为相比于铺设网络线缆，星链的接收器成本简直太低了。

猎鹰 9 号火箭除了可以发射卫星以外，还拿到了载人飞行的资格认证。在美国航天飞机退役以后，俄罗斯的联盟号垄断了向国际空间站输送宇航员的生意。如今，NASA 在购买联盟号机票上已经花费超过 33 亿美元，而且票价还越来越高，2018 年平均为 8 100 万美元一张。但机票对 NASA 来说又是刚需，这就给了俄罗斯人坐地起价的底气。哪里有需求，哪里就有供给，坐拥超低成本火箭的马斯克，这就揽收了 NASA 的"快递"。

首飞于 2010 年的一代龙飞船，发射成本是"进取号"无人驾驶货运飞船（俄罗斯联盟号载人飞船的衍生产品）的 2 倍，载货能力也是 2 倍。但是，相比于超级昂贵的航天飞机，尽管此龙飞船的载货重量只有航天飞机的 1/3，而发射成本不到 1/10。一代龙飞船在 18 次货运任务中仅有一次失败。在 2019 年 3 月 2 日，载人版的二代龙飞船也顺利发射升空了。二代龙飞船相比于一代进步很多。除了飞控电脑、航电系统上的升级之外，一代还需要被国际空间站上的加拿大机械臂抓着对接，而二代则可以自主对接。载人龙飞船每次发射，可以将最多 7 名宇航员送入国际空间站，远超联盟号的载客人数（3 名），这在一定程度上提高了国际空间站的工作效率。老骥伏枥的联盟号飞船，还应用着大量传统、可靠（也可以说是老旧）的技术，宇航员需要长时间的训练才能掌握这些技术，这才成了当宇航员的一个门槛。载人版的二代龙飞船有着毋庸置疑的后发优势，宇航员通过触屏就能操作，而联盟号的宇航员则要用一根金属小棍来戳操纵面板。另外，相比于联盟号，龙飞船的自动化程度也不可同日而语。

龙飞船底部安装了 8 台 3D 打印的 Super Draco 发动机，不同于绝大部分载人火箭，它没有逃逸塔，也没有额外加装昂贵的整流罩，

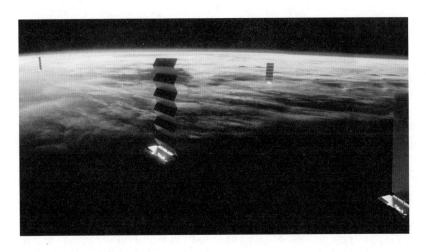

星链计划概念图（©SpaceX/ 公版）

不光省了重量，还省了一大笔钱。龙飞船本身是可回收的，设计寿命为发射 10 次，其发射的猎鹰 9 号火箭也是可回收的，又省了不少。这些加起来，可想而知为什么 SpaceX 的成本这么低。相比于联盟号一张票 8 100 万美元，在 SpaceX 和 NASA 的合同里一张票只要 2 000 万美元。

猎鹰火箭与猛禽发动机的动力革新

在 2018 年 2 月 6 日, 猎鹰火箭最强型号——重达 1 420 吨的"猎鹰重型"（Falcon Heavy）发射升空。它的概念就是在一枚猎鹰 9 号火箭两侧再配置 2 枚猎鹰 9 号火箭作为助推器，外表就像把 3 枚猎鹰 9 号捆绑在一起。从底部看, 27 台梅林发动机密密麻麻地挤在一起。

如何离开地球表面

猎鹰重型火箭（©SpaceX/ 公版）

还记得一级火箭上装了 30 台发动机的苏联登月火箭 N-1 吗？这个数字也不少了，但梅林在这些年的实践中，已经是一个成熟稳定的型号了，而且 21 世纪的人类科技也早已不是五六十年前的水平了。

在猎鹰重型的首次发射中，马斯克选择将自己开过的电动汽车发射升空，目标是进入火星轨道。在成功发射以后，两枚助推器一齐返回地球，降落在肯尼迪宇航中心的降落区。可惜的是，芯级火箭在降落到大西洋无人驳船"当然我依然爱你号"的过程中，由于剩余燃料不足，最终回收失败——本该有三台发动机点火反推，实际却只有一台正常工作。在猎鹰重型第二次回收的过程中，芯级火箭成功降落在了驳船上，但不幸因为海上风浪太大，最终坠海。

SpaceX 发展到这一步，马斯克的梦想也没有止步于"去火星种植物"。人类登陆火星甚至移民火星，如今看上去已经不再那么遥不可及了。为了实现这一宏伟的目标，我们又需要更加巨大和高效的火箭。

2005 年，SpaceX 就有了开发超级重型火箭的设想。2018 年，这个概念成为更加具体的"星舰"（Starship）飞船。作为二级飞船，其助推器是"超级重型"火箭，起飞重量已达到 5 000 吨之巨。星舰所配置的发动机"猛禽"，不仅没有选择传统的煤油－液氧或液氢－液氧，而是选择了"液氧－液态甲烷"这个罕见的燃料组合。为什么用这种燃料组合呢？原因有四点。

第一，液氧－液态甲烷组合的比冲虽然低于优秀的"氢氧组合"，但是依然比液氧－煤油高一些，因此这个燃料氧化剂组合还是相当实用的。

第二，液态甲烷能避免液氢因为分子小和超低沸点带来的管线阀门工程困难。液氢虽然很轻，但是体积很大，超大体积的燃料罐也对火箭整体不利。液态甲烷与液氧的沸点接近，密度也差不多，这使得燃料罐的研制成本都更低。

第三，液态甲烷的密度比液氢高很多，燃料泵的设计制造难度就低了很多。

第四，也是更重要的一点，甲烷便于补充。既然飞船名字叫"星舰"，又是为了星际旅行，那如果出了门没地方"加油"，回不来，那可怎么办？幸亏甲烷这东西在外星还是挺常见的，尤其是火星上。所以，如果"甲烷火箭"到了火星，还能想办法加注火星本地产的甲烷再飞回来，而由石油加工而成的煤油就没地方加了。

然而，猛禽发动机最大的技术亮点并不是燃料组合，而是它的发动机工作循环。上一章我们已经提到,应用分级燃烧循环的发动机,可以将所有燃料和氧化剂都转化为推力,但其预燃烧室和涡轮泵功率依然会受到各种限制。

比如,如何才能提高涡轮泵功率的同时,还能保持涡轮工作的温度呢?既然温度不能提高,那就提高流量。那涡轮流量提升的极限又在哪儿呢?最高只能是全部燃料和氧化剂都经过预燃烧室和涡轮,换句话说——**全流量燃烧**。

原先的分级燃烧循环只有一个预燃室、一个涡轮,而猛禽发动机的循环有**两个预燃烧室和两个涡轮**,一侧是贫油燃烧,再推一个涡轮带动燃料泵;另一侧则是富油燃烧推动另一个涡轮带动液氧泵。最终,这两个涡轮的排气再在主燃烧室会合,参与最后的燃烧,并从喷管喷出形成推力,这样燃烧室压力就可达到惊人的 300 倍大气压。

这就是**全流量分级燃烧循环**(Full flow staged combustion,FFSC)技术,可以说是液体火箭的最终形态、液体火箭发动机技术里的王者了。既然它的原理这么简单,那为什么没有被装在全世界所有的火箭上呢?答案依然是结构复杂和燃烧稳定性的问题。

有了全流量燃烧,就能让燃气温度保持很低,改善涡轮工作环境,同时还能保证涡轮泵功率。然而,由于预燃烧室过于富油(或贫油),而且温度低,两侧预燃烧室的燃烧稳定性都很差,火焰很难长时间稳定燃烧,也难以让发动机在额定工况下长期稳定地工作。燃烧不稳定性正是火箭发动机的大敌。以马斯克的执行力和 SpaceX 的工程速度,还是搞了这么久,甚至大改过几次参数,可见这种发动机有

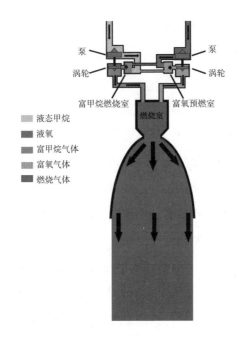

泵　　　　　　　　泵

涡轮　　　　　　　涡轮

富甲烷燃烧室　　　富氧预燃室

燃烧室

液态甲烷
液氧
富甲烷气体
富氧气体
燃烧气体

猛禽火箭发动机工作原理简图（© 维基 / 公版）

多么难以降伏。由于 SpaceX 是私企，因此马斯克没有过多透露过猛禽项目中的困难，但可以想象工程师们遇到了多少设计和制造困难（据我个人猜测，难点主要在于它特殊的预燃烧室和涡轮泵）。

　　如今，猛禽发动机已经经过了多次测试，成果喜人。而装备了猛禽发动机的星舰原型机同样经历了多轮测试，结果也符合预期。人类登陆甚至移民火星仿佛已经不再遥不可及。NASA 方面曾表示，第一个在火星上行走的人很可能是一名女性宇航员。NASA 也已设定了到 2033 年在火星上建立移民点的目标。

重返月球和月球空间站

为了实现登陆、移民火星的壮举，"国家队"当然也没有落在私企的后面。以现在的技术飞到火星再飞回来，至少需要一年多。这不光对宇宙飞船提出了很多工程上的挑战，而且到现在为止，也没有人类离开地球这么远，孤独地在星际中旅行。还有，大自然从来没有引导过我们人类的身体向适合星际旅行的方向进化。

就算信息以光速传播，从地球到飞船上可能也要经过几分钟，甚至几十分钟，实时通话目前是不可能的。另外，这样特殊的环境会对宇航员的心理产生什么样影响，我们至今不得而知。

全世界多个国家的宇航局都在做大量研究，希望当这一天真的到来时，可以保证宇航员的心理健康，并顺利完成任务登陆火星。这对航天技术提出了超高的要求，因此现在多个国家都提出要"重返月球"，以登月作为登陆火星所需的航天技术的一次验证或练兵。

在这种背景下，2019 年，NASA 的"阿尔忒弥斯"（Artemis）登月计划上马了。毕竟离阿波罗计划登月已经半个世纪了，阿尔忒弥斯计划的复杂性自然远远超过阿波罗计划。而且，这是一个非常国际化的项目，就像国际空间站一样。NASA 最新、最强大的火箭空间发射系统 SLS 火箭的货运版的重量达到了 2 951 吨，载人版也有 2 497 吨，它将是现役性能最强的运载火箭。虽然外表看起来跟航天飞机一点都不像，但 SLS 可以说就是"满血复活"的航天飞机——它的芯级主发动机就是过去航天飞机的 RS-25，旁边的两枚固体火箭助推器也是从航天飞机上拿来的，每一枚都能输出 1 250 吨的推力，

SLS 太空发射系统概念图（©NASA/ 公版 ）

非常强悍。

  在几次任务推迟后，SLS 第一次发射，便是测试最新的由洛克希德—马丁公司和欧洲空客共同制造的"猎户座"载人飞船，其主发动机就是来自阿波罗登月飞船服务舱的 AJ10，依然是洛克达因公司的产品。而飞船内部的液晶仪表，来自波音 787 喷气式客机的驾驶舱，不知道 787 的飞行员们会不会有一种间接驾驶宇宙飞船的感觉？

  当 SLS 火箭和猎户座飞船被一一测试验证过之后，由 NASA、ESA、JAXA、俄罗斯航天集团和加拿大宇航局合作完成的月球轨道空间站——深空门廊（Deep Gateway）——将会在环月球轨道组装。在这座环月空间站上，大量载人深空技术将被测试，为火星登陆铺路。2023 年，无人探月车将从深空门廊出发，登陆月球，为人类的再次登月进行探路。毕竟这次人类要在上面住很久，不像阿波罗计划那样只是短暂停留。宇航员将会乘坐猎户座飞船对接到深空门廊，然后乘坐登月舱踏上月球表面，最后返回。很明显，阿尔忒弥斯计划不仅仅是登陆月球那么简单。大量深空载人航天技术将在这一项目中得以验证，这些对人类登陆火星至关重要。这是一个总计 37 次发射的浩大工程，涉及了无数的新技术。

星际旅行的动力和能源

在执行探索火星这种深空任务的时候，比冲只有几百秒的化学火箭已经明显力不从心了。那么，我们有没有什么更加先进的技术，可以驱动航天器和宇宙飞船快速穿梭于群星之间呢？

比冲作为火箭发动机最重要的性能指标之一，跟喷气速度呈线性相关。由于火箭自带的燃料和氧化剂燃烧所能释放的能量有限，就导致化学火箭发动机的喷气速度很慢，也就是比冲很低。而且，因为超音速流体力学的原因，如果想要将推进剂的能量全部转化为动能，需要一个极宽且极长的喷管，而这没有任何工程学实践意义。所以为了得到足够的飞行速度，火箭需要携带大量的燃料，导致一枚火箭发射全重中的绝大部分都是被燃料占据的，因此效率十分低下。例如，航天飞机发射时离地质量超过 2 000 吨，但实际有效载荷只有 100 多吨。

不同于在大气层内航行，航天器在太空中航行，是没有空气阻力的，即使飞行速度较慢，仍可持续飞行，所以这个问题并不严重。化学火箭虽然效率低,但也能完成工作。深空探测项目就截然不同了，飞行距离都是几百万千米起步的，提高飞行速度就变得很有意义了。例如，在飞向火星的任务中，如果速度太慢，在长达几年的旅途中就要给宇航员配备大量的食物和氧气。如果能实现更高的飞行速度，快去快回，便捷性将会大大提高，成本也低。如果利用电磁场对带电粒子直接加速，系统将不再受化学火箭发动机喷管几何问题的限制，可以得到远远大于传统化学火箭的喷口速度，也就是更高的比冲。举个例子，阿丽亚娜5号的一级主火箭发动机——"火神2号"的喷口速度为 4 230 米 / 秒，比冲为 431 秒；而进化氙气推进器项目（NASA Evolutionary Xenon Thruster, NEXT）中的离子喷射发动机，用氙气（xenon）作为推进剂，喷口速度可达 40 000 米 / 秒，比冲可达 4 300 秒——足足是火神2号的10倍！

离子喷射发动机的工作原理大致是这样的：先将推进剂进行电离，再利用电场将离子加速喷出形成推力；同时向射出去的离子束喷射电子，让它呈电中性，否则喷出去的离子会被航天器吸回来。

第一台离子喷射发动机是由美国物理学家哈罗德·考夫曼于1959年在NASA制造的，并进行了成功测试。它先将电中性的汞（Hg）注入电离室，再将电子射入电离室，然后，电离室周围的电磁线圈将对射入的电子加速，轰击中性的汞原子来制造汞离子，随后汞离子在外加电场的作用下加速喷出，最终再用电子使其中性化。而现代离子推进器中使用的推进剂大多是氙气，用以代替有剧毒的汞。

后来，考夫曼的设计又衍生出很多新的设计，例如：欧洲Thales公司的高效等离子推进器发动机（High Efficiency Plasma Thruster, HEMP），它利用电离室中交替的磁场与电场进行电离并加速推进

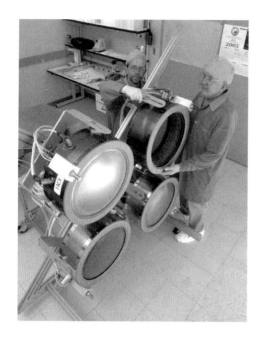

NASA 科学家正在安装 NEXT 发动机（©NASA）

剂，代替了原先的加速格栅。氙气的电离率因此被大幅提高，因此
HEMP 发动机的效率与考夫曼的设计相比又有了大幅提高。另外，
还有霍尔效应推进器（Stationary Plasma Thruster，SPT），它利用霍
尔效应将中性器（在考夫曼的设计中，只用来向射出的离子束喷射
电子进行中性化）喷出的电子，约束在环形电离室区域内处，这些
电子在电磁场的作用下加速，撞击并电离作为推进剂的氙气，电离
状态下的氙离子（Xe）又被电场加速射出。这两种设计，都没有用
电极格栅来加速离子，从而避免了高速离子对格栅的冲击与腐蚀。
这对提高推进器寿命而言是非常有优势的。

不同于传统化学火箭发动机，各种离子推进器发动机的推进剂不发生化学反应，所以又需要额外的电能。这部分电能可以通过太阳能电池板来获得；但在进行深空探测的时候，由于航天器离太阳非常远，太阳能电池板的发电能力就十分有限了。所以，为了获得足够的电能，就需要非常大的电池板，但这也挤占了航天器的有效载荷，限制了它的其他各项能力。

幸好，还有一个比大电池板更雅致的解决方案——钚元素衰变电池（又称放射性同位素温差电池，简称钚电池）。它通过钚-238同位素的衰变，生成铀-234并释放一个 α 粒子产生的热量来发电。虽然效率极低，只有3%~5%。每1千克的钚元素只能提供约30瓦的电能（是瓦，不是千瓦，真的这么低），但是它的半衰期为87.7年，因此可以长期稳定地提供电能，而且不受外界影响，非常适合动辄几十年的星际旅行。美国的"好奇号"和"毅力号"火星探测器，都是将它作为电能来源的（但钚-238也是世界上最毒的放射性物质之一，一旦泄露对环境和人体的危害极大）。

稳定的电能供给，也可以节约储电系统的重量。但是钚-238这种稀有元素是极其昂贵的，在美国售价为每千克1 000万美元，相比之下，1千克氙气只要2 800美元。但是，出于安全的考量，钚电池在欧洲航天项目中的受到了 ESA 欧航局的很大限制，其中一个例子就是"罗塞塔"号探测器装上了硕大无比的太阳能电池板，它于2004年3月2日发射。在2014年11月12日，它搭载的"菲莱号"登陆器在67P彗星（楚留莫夫—格拉希门克彗星）上成功着陆，这也是人类史上第一次控制探测器于彗星上登陆。后来，它于2016

年 9 月 30 日在 67P 上坠落，此前还执行了很多其他探测任务。如今 ESA 也在评估稍微放松对衰变电池的限制。

离子推进器虽然有诸多好处，但它也有其局限性。因为航天器的电功率有限，导致它的推力非常受限，只有几十毫牛顿（mN），大概就是一张纸的重量。如今，它主要被应用在卫星的姿态控制动力系统，因为它的比冲非常高，如果用它来代替传统化学火箭发动机，完成卫星从地球同步转移轨道（GTO）到地球同步轨道（GEO）的变轨，就能节约很大的重量。例如，一个总重 3.5 吨的卫星，能节约 3 吨的燃料重量，极大降低了发射成本。

但是，传统化学火箭可以在几个小时内完成霍曼轨道转移（Hohmann Transfer Orbit），它只需两次发动机推进，而离子推进器需要三个多月。由于离子推进器的推力有限，需要在地球同步轨道每次经过远地点时启动，以便提高近地点轨道高度。由于卫星极其昂贵，因此对卫星的运营商来说，这代表至少三个半月都不能盈利，延迟了正现金流，提高了融资成本。

离子推进器和它所取代的多级火箭发动机的售价现在都很高，相差无几，但随着离子推进器的进一步成熟，会在可预见的将来用上成本大幅降低的化学火箭发动机。欧洲现在有些公司已经在研发成本极低的离子推进器了。对深空探索项目来说，它的优势是无与伦比的，组成"星链"的卫星，都是由离子推进器作为推进动力的。在未来的登陆火星任务中，如果用化学火箭，就要花费 6 个月的飞行时间，而离子推进器可以在 39 天内完成，大幅降低成本，让不可能化为可能。

除了作为航天器飞行主动力以外，离子推进器也是非常优秀的航天器姿态精确控制动力。由于离子推进器的控制系统主要采用电磁推进方式，其推力可控制性远远高于传统化学火箭发动机。其中最有野心的应用计划就是将于 2034 年发射升空的**激光干涉空间天线**（Laser Interferometer Space Antenna，LISA），其通过激光干涉，能以极高精度测量信号相位，实现遥远宇宙中**引力波源的探测**。

LISA 探测天线由 3 个相同的航天器组成，它们构成一个互为60 度的等边三角形，跟地球在同一日心轨道飞行，并绕地球赤道飞行。LISA 让每一个天线与地球的连线，和它与太阳的连线全程保持一个特定角度，以减少地球引力对其测量结果的影响。尽管它的测量距离非常大，但测量精度可达到一万亿分之一米，这就对航天器姿态精确控制提出了苛刻的要求。而其中最有可能应用的一种发动机就是**电子场致发射发动机**（Field Emission Electric Propulsion，FEEP），也属于离子推进器的一种。不同于上述几种设计原理，它的推进剂是液态的金属铯（Cs）。它在一个高压的电场下（通常为1 万伏），表面被激化为不稳定态，形成一个泰勒锥（Taylor cone）。从泰勒锥的尖部射出的离子射流，会被电场加速到 100 千米 / 秒的速度，产生巨大的推力。由于推进剂射出的速度极快，比冲可达到10 000 秒，实现 0.1 微牛 ~150 微牛的精确推力，即最低推力为千万分之一牛顿，因而能以极高的精确度对航天器的飞行姿态进行控制。以上这些高难度动作，都是传统的化学火箭发动机所望尘莫及的。

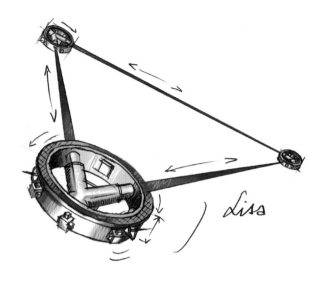

激光干涉空间天线 LISA 艺术插画（©ESA/ 公版）

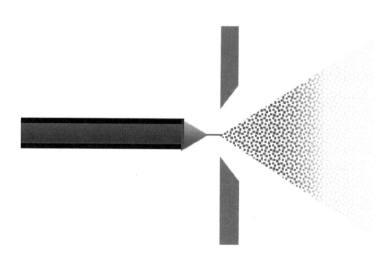

泰勒锥（© 维基 / 公版）

近些年，又有一种新型离子推进器——可变比冲磁等离子体火箭（Variable Specific Impulse Magnetoplasma Rocket，VASIMR）被提出。在这种发动机中，做功气体（工质／推进剂）会被导入（泵入）电离腔，通过无线电波进行电离化。这时等离子体已经加热到 5 000 摄氏度以上，几乎等于太阳表面的温度了。而这仅仅还是冷等离子体，这 5 000 摄氏度的等离子体进入第二个充能腔（Booster），无线电波利用回旋共振原理，将等离子体加热至超过 100 000 摄氏度，都接近日冕的温度了。最终，富含能量的高热等离子体进入喷嘴，再由电磁场控制喷出。在这里，其热量（内能）被高效转化为动能。喷口的速度可达到 50 千米／秒，相比之下，喷气飞机发动机那点儿喷口速度真是太弱了。

那么，这些超级热的气体为什么不会把发动机烧毁呢？这是由于电磁场的束缚使它们接触不到发动机部件。这类火箭的应用中，在大比冲情况下，火箭的效率高但推力低。如果想要推力高，那比冲就会低，火箭效率就会相应下降。

这种 VASIMR 火箭，通过各部位的协作控制实现了**可调比冲**：在需要大推力的时候，牺牲一定的比冲；在不需要大推力时，可降低推力来提高比冲，保证火箭高效运转。其实，VASIMR 的原型早在 1979 年就被 NASA 的宇航员弗兰克林·迪亚兹提出了。2015 年，由他创建的公司 Ad Astra，拿到了 NASA 价值 1 000 万美元、为期 3 年的开发合同。当然 Ad Astra 也实现了 NASA 设定的目标，下一步就要在国际空间站上做飞行测试了。

包括 VASIMR 在内的离子推进器，都拥有非常高的比冲，但因

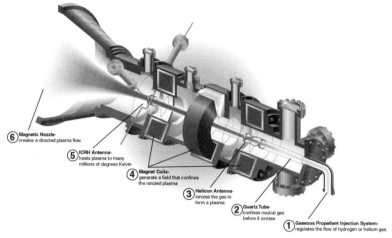

VASIMR 可变冲比等离子体火箭(© 维基 / 公版)

为供电功率的限制，推力有限，无法驱动运载火箭离开地面进入轨道。另外，在它的前辈化学火箭发动机领域，也有一些新的技术路线被提出了。

在 2016 年参观英国的范堡罗航展时，我曾看到一家英国制造商摆出了一个外形很奇怪的、名叫"SABRE"的发动机模型。由于航空发动机可以吸气，在计算比冲时不用像火箭发动机那样将携带的氧化剂也计入重量，所以它们的比冲都非常高，而现在的喷气式客机的发动机比冲可达到 8 000 秒。SABRE 这款发动机最神奇的地方就是，它可以在低空中像航空发动机一样吸入空气，将其中的氧气作为氧化剂参与燃烧。当它在大气层内飞行时，其进气系统和黑鸟发动机普惠 J-58 很类似。这种系统称为**中心体移动超音速进气锥**，当飞行速度小于设计速度时，第一道斜激波角增大，但中心体向后收缩，将这个大角度斜激波，还是贴在进气道唇部，进气面积被恢复到最大，跟设计理想飞行速度时面积一样。这个进气道实现了它从地面静止起飞到大气层内 5.4 马赫这一飞行区间里的有效进气。但与 J-58 的涡喷冲压变循环不同，它采用的是"涡喷火箭变循环"。

当它进入火箭发动机循环时，就不再吸入空气，进气锥彻底关闭。因为根据设计它可以在大气层内以 5.4 马赫速度飞行，吸入的空气被进气激波压缩后，温度可达到 1 000 摄氏度。但由于它的高速飞行又需要极致轻量化，所以无法大面积应用超耐高温的、笨重的镍基超级合金进行制造。进气必须冷却，所以它用了氦气作为冷却剂。预冷换热器正是这台发动机的核心科技，它能在百分之一秒内将 1 000 摄氏度以上的高温空气冷却到 -150 摄氏度。

当它在吸气模式下工作时，进入超音速进气道的空气先被冷却，再被压气机压缩。一部分高压空气部分进入预燃烧室，另一部分进入主燃烧室。液态氢气全部进入预燃烧室后，富燃料的燃气从预燃烧室出来，进入主燃烧室，与另外的高压空气一起继续燃烧。其实这不就是一个火箭发动机版的分级燃烧循环吗？唯一不同的是，它还多了一个氢气冷却循环，从冷却换热器和预燃烧室出来的燃气的热量获得能量（以及高压氢气推动涡轮来给它加压），再推动压气机。最终气体进入超音速喷嘴，被加速到超音速后被喷出，形成推力。

既然它是涡喷火箭变循环，当然还有一个火箭模式。这时就简单多了，不需要进气了。液氧被加压进入主燃烧室和预燃烧室，这部分加压做功来自氢气。其他部分循环和吸气模式是一样的。

　　　　　　　　　　　　　　　　如何离开地球表面

SABRE 火箭变循环发动机（©ESA/ 公版）

　　这台 SABRE 变循环发动机可以单级入轨，在大气层内以 5.4 马赫极速飞行，在大气层外飞行速度更能达到 25 马赫。它可用于超高速运输、发射卫星、太空旅游，而且能重复利用。它是众多低成本发射平台的一个潜在玩家，它的核心科技树都已经点亮，期待大展宏图。它不仅得到了英国国防部、ESA 的投资，还得到美国国防部的投资，甚至在科罗拉多州专门建立了第二个测试中心。

　　在 21 世纪，在航天这个技术、资金双重高门槛的领域，我们反而看到了很多成功的私人企业。其中一个重要的原因是：以 NASA 和 ESA 为首的国有航空航天机构，希望输出技术和人才来培养创业公司，让私有资本激活这个领域，创造更多的技术活力。而且，邀请新的玩家入局竞争，还能降低研发成本——他们巴不得多几个火箭制造商来压一下波音和洛克希德—马丁等老牌企业的价格呢。在不断的竞争中，未来将会更快到来。我每天都会关注航空航天新闻，"见证历史"是这几年的一个切身感受。

　　最后一章，我希望把眼光放到太阳系之外，聊聊星际旅行的前哨——星际探测器与火星探测器。

第十五章

星际探测器和火星车

值此苦旅，以抵群星

旅行者探测器家族

我们将探索不息，而那探索的尽头，将是抵达出发之地。

——T.S.艾略特《四首四重奏·小吉丁》

人类是充满好奇心的物种。无论是精神还是物质世界，一代代人就像有着使命感一样地探索。发现新大陆，登陆南极，探访马里亚纳海沟，航天工程学的发展又打开了太空的大门，我们进入太空，继续探索。当拜访过太阳系所有行星以后，下一站又是哪里呢？

1977年9月5日，在佛罗里达州卡纳维拉尔角的LC-41发射台上，一枚"泰坦3E"运载火箭喷射出明亮的尾焰，咆哮着飞向太空。其顶端安装的一枚只有825千克重的无人探测器，拥有一个秀气的名

旅行者 2 号探测器设计模型（© 维基）

字——"旅行者 1 号"（Voyager 1）。9 月 5 日这个日期是经过 NASA 特别精准计算千挑万选的，太阳系的行星运行，每隔 176 年的周期会出现特定的行星几何排列。如果航天器在这时起飞，只需要很少量的燃料修正轨道，就可以利用这个排列免费加速，等于搭了便车，效率非常高。在 176 年前的上一次发射窗口，人类才刚刚实现了蒸汽机商业化，星际旅行还是一种妄想，而我们距离下一个 176 年还有几代人的时间。不过，眼前这个时机被旅行者 1 号和它的姊妹——"旅行者 2 号"抓住了。

在旅途中，两台旅行者号在利用太阳系的几颗行星进行**引力弹弓加速**的同时，也就顺便拜访了我们在太阳系里的邻居。它们观察到了在木卫一上的火山活动、土星上的极光等令人叹为观止的外星景象。在环绕天王星的星环中，旅行者 2 号观察到，这整个星环系

如何离开地球表面

统的形成时间晚于天王星本身，很可能是由一颗被高速撞击或被潮汐力撕碎的卫星散落而成的。旅行者 2 号在拜访海王星时发现的著名的"大黑斑"，却在几年后哈勃望远镜的观测中消失了，天文学家认为，这应该是海王星上的一个暂时性空洞。至此，太阳系八大行星都已经被人造航天器拜访过了，接下来的征途就是星辰大海。

2012 年 8 月 25 日，旅行者 1 号越过太阳系边界，正式进入星际空间，成了第一个离开太阳系的人造物。如今，旅行者 1 号的飞行速度已达到了 61 452 千米 / 小时，而且会一直这样飞下去。等到 73 600 年以后，它将抵达距离太阳最近的恒星、太阳的邻居——半人马座比邻星。两台旅行者号探测器，由于执行深空任务，离太阳非常远。如果像地球轨道上的人造卫星或国际空间站那样用太阳能电池板发电，效率会非常低，所以它们都是由放射性同位素电池供电的（就是上一章说的钚电池）。

随着服役时间越来越长，旅行者家族用的电池会越来越弱，在 1990 年，NASA 就为了让旅行者 1 号节约电力而关闭了摄像机，而在关闭之前，旅行者 1 号还一回头，对着太阳系拍了一张"全家福"。总共 60 帧照片中的一帧，正好拍到了地球，在浩瀚的宇宙中，我们的地球只是小小的一个光斑，在整幅照片中只占了 0.12 个像素。这张照片，被命名为《黯淡蓝点》——就在这灿烂的星海中，在这么一个不起眼的小角落，却孕育出了如此璀璨的文明。

旅行者两姊妹如今已经因供电不足，逐渐关闭科学仪器，而在几年内，它们的电力供应将衰弱到无法供应任何的单一仪器，那时我们将会失去和它们的联系。但它们将代表人类，怀着谦卑之心在

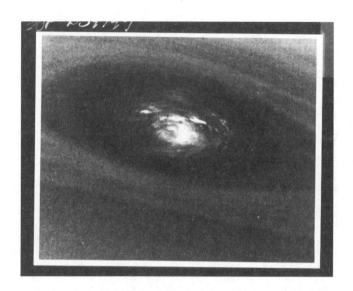

旅行者 2 号 1989 年拍摄的海王星大黑斑（©NASA/ 公版）

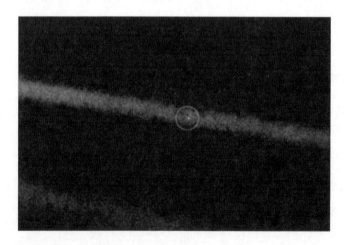

旅行者 1 号 1990 年拍摄的地球照片《黯淡蓝点》（©NASA/ 公版）

　　　　　　　　　　　　　　　　　　　如何离开地球表面

星际间继续航行。两台旅行者号探测器各自装载了一张金唱片，上面刻录了太阳系和地球的位置，还有地球上的一些照片、动物和大自然的声音，以及人类的外貌、55 种不同语言和歌声。其中一曲就是相传由中国春秋时代琴师伯牙所作的《高山流水》。另外，在唱片的"地球之声"章节中，还包含了一段以莫尔斯电码记录的拉丁语：*ad astra per aspera*，意为"值此苦旅，以抵群星"。这句浪漫的拉丁语既表达了旅行者姊妹的使命，也概括了人类航天工程的使命。如果旅行者的金唱片真就像它的创造者所期望的那样，建立起人类和外星智慧生物的联系，那不知将会为人类文明带来多么大的改变。

我们这一代人在有生之年见证人类与外星文明建立联系，这种可能性是十分渺茫的，但我们却很有可能见证人类成为一个"跨行星物种"。火星作为夜空中肉眼可见的红色星球，吸引着一代代人类。在各个古代文明中，普遍存在着对它的幻想、艺术创作，甚至崇拜。跟太阳系的其他行星相比，火星有着和地球更为相似的环境——火山、峡谷、冰盖和甲烷，甚至还有液态水。我们对火星坚持不懈的探索，几乎贯穿了整个人类航天史。苏联于 1960 年发射的"火星 1A 号"探测器，是人类第一次探索火星的尝试，甚至早于第一次载人航天计划。但遗憾的是，发射任务并不成功，火星 1A 号甚至没能达到地球轨道高度，但人类无畏的探索精神绝不会被失败所阻挠。

火星探测器

1964 年美国发射升空的"水手 4 号"探测器于 1965 年掠过火星，

成功拍摄并向地球发送了 21 张照片。除了照片以外，一系列"水手"任务还探测和分析了火星的大气、磁场和辐射带。苏联于 1971 年连续发射了"火星 2 号""火星 3 号"，这两台航天器不仅有环绕火星飞行的轨道器，还各带一个着陆器。

1971 年 11 月，火星 2 号的着陆器坠毁于火星表面，成了第一个抵达火星表面的人造物体，短短一周后，火星 3 号的着陆器成功软着陆于火星表面。1975 年美国发射了自己带有着陆器的火星探测器"维京 1 号"，它在 1976 年抵达火星轨道。它的着陆器不仅成功登陆火星，还成功向地球传回了火星照片。实际上，维京 1 号着陆器最重要的任务是观察火星的气象学、地震学和电磁学特征，以判断火星上是否有可能存在生命。1997 年，美国发射的"火星探路者号"成功登陆火星，其携带的重量仅为 10.6 千克的"旅居者号"，成为人类第一台送往火星的探测车。

凭借人类航天科技井喷式发展，在此后十几年中，"火星奥德赛号""火星快车""火星漫步者""火星侦察轨道器""凤凰号"，这一个个复杂又昂贵的航天器，承载着人类的好奇心，从火箭发射台上起程。它们都进行了大量成功的探索工作，并发回了珍贵的数据。

2011 年 11 月 26 日，在曾经发射过旅行者家族的卡纳维拉尔角 LC-41 发射台上，再次响起重型火箭启动的轰鸣声，一枚"宇宙神 5 号"运载火箭，将人类当时最复杂、最昂贵的火星探测车——"好奇号"（Curiosity）送上了太空。

2012 年，好奇号顺利进入火星轨道，在一次次与火星大气层的摩擦中逐渐减速，进入火星大气。但降落伞的减速依旧不能让好奇

好奇号火星车（©NASA/公版）

号温柔地降落。在接近火星表面后，好奇号并没有像其他火星探测器一样通过缓冲气球摔到地面上；也没有像阿波罗飞船的登月舱那样简单地依靠反推火箭减速降落，因为这样它上面携带的那些超精密探测仪可能会在受冲击时损坏，或者被反推火箭扬起的尘土掩埋。

好奇号用了一种更酷炫的降落方式——天空起重机。在降落伞结束使命后，一个名为"天空起重机"的火箭动力飞行平台，开始点火反推、减速，在接近地面后用钢缆把航天器放下去，就像起重机一样。在火星车成功平稳降落后，钢缆被释放，天空起重机完成使命后就飞走了。这样既避免了撞地冲击，又避免了沙尘导致的光学仪器失效。

到现在，在 8 年多的时间里，好奇号已经在火星行走了超过 20 千米，大大地加深了我们对火星的了解。它装备的化学相机，利用**激光诱导击穿光谱技术**，可以精确探测出几米外目标的化学成分；**动态中子反照率设备**，可以利用中子与氢原子核相互作用发生的能量变化来寻找水分子。还有火星样本分析设备、阿尔法粒子 X 射线分光仪等人类最顶尖的先进科研设备，这些东西通常只出现在大学实验室里，而 NASA 工程师却把它们打包塞进了好奇号不到 1 吨重的身体里。这样它才能为人类殖民火星这一伟大事业打前站。基于好奇号的成功，NASA 又在它的基础上研制了"毅力号"（Perseverance）探测车，并于 2020 年 7 月 30 日在 LC-41 发射台起飞，并于 2021 年 2 月 18 日降落在火星上。除了探测设备全面升级以外，毅力号还携带了一架名叫"机智号"（Ingenuity）无人机，它于不久前的 2021 年 4 月 19 日完成了火星上的首飞，这是人造物第一次在外星的另一片天空中实现动力飞行。

虽然有很多航天工程师在背后帮助它们在火星上的生存和工作，但是这些火星上的"居民"，生活还是得靠自己。火星和地球的距离遥远，这给任务带来相当大的困难，这些探测器发出的微弱信号，要穿过数亿千米，经过几分钟甚至十几分钟才能达到地球。地球控制中心发出一个指令，要十几分钟才能到达火星，探测车执行指令后还要再过 3~22 分钟（取决于当时地球和火星的距离），地球控制中心这时才能收到执行指令的结果。这还没算上围绕火星飞行的信号中转卫星不在视野中时产生的延迟。闭上眼想象一下，在无尽荒凉和广袤的火星表面，好奇号和毅力号两个娇小的身躯辛勤地工作，

机智号火星无人机艺术插画（©NASA）

不分日夜，为人类的到来做准备，让人有种又萌又感动的感觉。

　　根据 NASA 的阿尔忒弥斯计划，人类将于 2022 年在月球轨道建立空间站，并于 2024 年登陆月球并长期停留。在阿尔忒弥斯计划验证大量深空载人技术后，人类正式移民火星便指日可待。也许我们现在的飞船在外星文明眼里就像独木舟一样简陋，但是人类好奇的本能在驱使着我们。就在本书出版前的 2021 年 5 月，中国的"天问 1 号"飞船和祝融号火星车顺利登陆火星，那两台美国火星车也不怕孤独了。

航天为何如此重要

　　就像人类通过旅行者姊妹、三台火星车向宇宙的边界探索，航空航天工程本身也在推动人类探索认知的极限。在这一过程中，人类对燃烧学、流体力学、材料学等领域的理解取得了长足的进步。为了达到前人无法企及的领域，航天工程师必须不停地想出革命性的解决方案。在此期间，钛合金、高性能铝合金、碳纤维材料相继被发明出来。另外，蜂窝状三明治结构、制导计算机，以及故障树分析模型都出自航空航天领域，而如今，这些科技已经在各行各业中发光发热。单单是阿波罗登月计划就为人类带来了大量的科技财富，大到集成电路、便携相机、AED 心脏除颤仪，小到尿不湿、记忆海绵和冻干蔬菜。

航空航天就像驱动人类科技的一台发动机，推动了各种先进技术，带动了整个人类科技的发展。今天还在实验室里的航天技术，看上去跟你没太大关系，但是在未来，它们可能就会改变你的生活，甚至救你一命。

我们的日常生活如今已经离不开航天技术了。我们每次用汽车和手机上的导航软件，都需要几颗卫星的共同工作。以最常用的 GPS 全球定位系统为例：31 枚在轨卫星保证在任意时间，在地球表面的 98% 面积中，至少有 6 颗卫星出现在视野中。每颗 GPS 卫星都在不停地发送自己的方位，以及发出信号的精确时间。接收到这些信号的设备，会计算出接收到信号和发出信号之间的时间差，再乘以光速，就得到了自己和这颗卫星的距离。只要有多个卫星在不同位置提供位置和时间信号，设备就能轻易算出自己的具体位置。因为光速太快，只要时间的误差失之毫厘，定位结果就会谬以千里。所以 GPS 卫星上用了一种极其精确的时钟——原子钟来计时。原子中的电子在能级跃迁时会释放精准的微波信号，利用这一现象，原子钟如今已经可以精准到在 187 000 000 年里误差不超 1 秒。就是这么复杂困难的技术让我们实现了便捷和廉价的定位和导航。

我们还有比 GPS 和气象预报更加"润物细无声"的航天科技应用，一个很好的例子就是 NASA 的土壤水分主被动探测计划（Soil Moisture Active Passive，SMAP）。它通过测量土壤湿度可以预测全球粮食产量，包括小麦、大米和玉米，几乎覆盖了全球 70%~80% 的粮食产量。SMAP 通过卫星可以每 2~3 天扫描一次地球。除了预测全球粮食产量，人类还可以根据它提供的数据调整农作物生产计划。而这么一个全球项目，耗资只有 9 亿美元，虽然这不是一个小数字，但全球如今有 70 亿人口，这么一看也很便宜了。而更重要的是，SMAP 获得的数据是对所有人免费开放的，对于全世界粮食供给安全来说，是非常值得的投资项目。

高度自动化的农机和 SMAP 卫星，为提高土地产出所做的贡献，远远超过无数人更加辛勤的体力耕作。解决关乎全人类的问题，更多靠的是想象和突破，而航天领域恰恰集中体现了人类突破自我、追求卓越的特质。每年都有几千项技术从太空项目进入日常生活——生命检测系统、先进通信设备、数码相机、记忆棉这些都来自航天。在航天领域的投资，总体上可以产生几倍甚至十几倍的收益。除了这些具体技术以外，为了实现一个个不可能的任务，航天工程师还要不断探索自然规律。

另外，航天工程也把人类文明推向更远的深空，如果宇宙的另一侧也有智慧生命，在做着同样的事情，那我们什么时候才能相遇？尽管一颗星球上孕育智慧生命的概率很低，但是在银河系中有上千

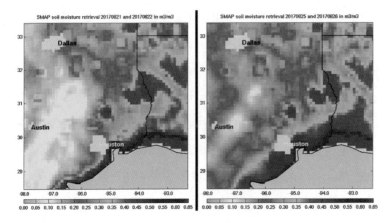

SMAP 卫星图像显示了飓风"哈维"登陆前后美国得克萨斯州的土壤水分状况（©NASA/ 公版）

亿个太阳系这样的星系，而可观测的宇宙内有上万亿个银河系这样的星系。即使外星智慧生命是存在的，但我们这代人，恐怕无法见证和它们建立联系的那一刻了。相较于宇宙的浩瀚，人类的寿命乃至整个人类文明的"寿命"都是微不足道的。但有幸生于这个年代，我们不仅能经历以航天技术为代表的人类科技的日新月异，还很荣幸地能见证人类成为一个"跨行星物种"。旅行者探测器、航天飞机、国际轨道空间站、火星车，这些在百年前只能存在于最浪漫的科幻狂想中的工程奇迹，如今一个个都实现了。今天我们在科幻插画中看到的那些可以轻松进行星际旅行的宇宙飞船、外星基地，离我们还有多远呢？

《旧唐书·魏徵传》中，唐太宗写下了"以史为镜，可以知兴替"。以宇宙为镜，也可以让我们更加深刻地审视自身。先驱者 10 号、新

如何离开地球表面

航天业就是飞向梦想之旅（©SvenBachstroem/ 公版）

视野号、哈勃太空望远镜以及尚未发射的詹姆斯－韦伯太空望远镜，
还有 LISA 天线，它们将会进一步扩展我们的认知。如今，我们人类
羞愧地摘下了自我加冕了千年的"宇宙中心"的王冠。我们现在可
以测算星球甚至整个宇宙的年龄，还能了解不同天体的物质构成和
演变过程。

　　躺在郊外的草地上，望向晴朗的夜空，点点星光经过数年、数
万年甚至数百万年才进入我们的视野。来自宇宙不同角落的光线，
汇聚于我们眼中，形成这漫天星海。像几千年前的祖先一样，我们
看到了这些星辰，但不同的是，通过航天工程，我们已经逐渐揭开
了宇宙神秘的面纱。

那我们为什么要去探索宇宙?

因为它就在那里啊。

致 谢

上初中的时候，我有一次睡醒时突然有了写书的冲动。可转念一想，写一本书是多么巨大的工作量，以我的写作能力断然是无法做到的，但是今天在我的编辑王微孜孜不倦的帮助下，这十几年的梦想终得实现。

我希望能写一本知识严谨而有趣，不枯燥又包含人文情怀的航空航天科普书，假如没有画师关山创作的精美插画点亮本书，也必然无法实现。

2020 年底，在获得了"理想国"编辑部的认可后，我便开始着手写作。我对这本书寄予厚望。也是由于德国疫情，本职工作停滞，让我有了足够的时间精力来写作。在几个灵感迸发的瞬间，写作本书带给了我很大的快乐，反复阅读一段令我满意的文字，也带给了我很大的成就感。在写作期间，查找资料也让我读到了很多不曾了解的精彩故事，若非创作本书，或许就会和这些有趣的故事彻底错过了。因为我未曾在国内接受专业培训，已经在专业词汇上尽可能做到用词准确，但依旧难免有疏漏。但我相信瑕不掩瑜，希望读者谅解并指正。

我从小就是个不让人省心的孩子，不记得捅过多少娄子。曾经有一段时间家庭遇到变故，正好我又在叛逆期，父亲一个人扛下了所有，每次想到他所面对的困难都让我泫然欲涕。父亲一如既往地支持我，还记得在很小的时候，有次在超市里看到一个拼装机器人模型非常喜爱，但是售价高达 2 000 元，我当时并没有央求父亲给我买，但他后来还是买了。收到它的时候我欣喜若狂，在家废寝忘食地拼装。我今天依旧能够回忆起当时的很多细节和快乐，它比我所有的航空航天收藏品都更加珍贵。我很珍惜如今我和父亲张自强之间融洽和坦诚的关系。

母亲在我上小学时就去世了，很遗憾她无法见证我的成长，但是在我心里，母亲永远都是年轻时候的样子。即使是母亲躺在病床上神志不清时，我和父亲都能感受到她的爱，希望今天的我没有让母亲失望，希望本书的出版也能告慰母亲付力的在天之灵。

若非我的初三语文老师兼班主任李红老师在我学业一塌糊涂的时候对我抱有信心，施以关怀，否则我不可能有今天的成就。能一路走到今天，我还要感谢在我成长过程中不断付出的家人：张文津、李淑贤和董萍。

写作本书期间，我正好赶上德国疫情最严重的时期，社交活动全部停滞，甚至本职工作都停了，感谢潘玥的陪伴。她让我在这段时间过得充实、有趣，在过去几年中见证了我的成长。有一句话叫"人的一生，活的就是那几个瞬间"，在过去几年，我们共同经历了许多个时刻。感谢她出现在我生命中，带给我这些值得铭记的瞬间。尽管漂泊异乡，但我们有彼此就不孤独，有彼此就有家。

在写作本书之前，我当然不可能熟知其中涉及的所有知识，多亏维基百科和无数科普博主给了我快速检索信息的条件，没有这些帮助，本书不可能在四个月内完成。

2021 年 4 月 11 日于德国汉堡

©关山 绘

图书在版编目(CIP)数据

如何离开地球表面：人类航空航天小史 / 卢西著
. -- 北京：北京日报出版社，2021.11
　ISBN 978-7-5477-4090-3

Ⅰ . ①如… Ⅱ . ①卢… Ⅲ . ①航空 - 技术史 - 世界 -
普及读物②航天 - 技术史 - 世界 - 普及读物 Ⅳ .
① V2-091 ② V4-091

中国版本图书馆 CIP 数据核字 (2021) 第 189573 号

责任编辑：卢丹丹
特邀编辑：王　微
内文制作：李丹华
装帧设计：广　岛
插画绘制：关　山

出版发行：北京日报出版社
地　　址：北京市东城区东单三条8-16号东方广场东配楼四层
邮　　编：100005
电　　话：发行部： (010) 65255876
　　　　　总编室： (010) 65252135
印　　刷：山东韵杰文化科技有限公司
经　　销：各地新华书店
版　　次：2021年11月第1版
　　　　　2021年11月第1次印刷
开　　本：880毫米×1230毫米　1/32
印　　张：10.625
字　　数：230千字
定　　价：69.00元